图说南水北调

国务院南水北调工程建设委员会办公室　编

· 北京 ·

内容提要

《图说南水北调》主要针对社会大众编写。采用“通俗易懂的文字＋各类数据图表＋卡通漫画插图”的方式，全方位解读南水北调工程情况，有理有据，图文并茂，便于社会公众对南水北调工程有更加全面、客观、深入的认识。内容编写简明扼要，分“为什么建”“怎样建”和“怎么用”三个部分，以问答的方式展现了南水北调工程对社会发展和人民生活的积极影响。

图书在版编目（CIP）数据

图说南水北调 / 国务院南水北调工程建设委员会办公室编. -- 北京 : 中国水利水电出版社, 2018.7
ISBN 978-7-5170-5520-4

Ⅰ. ①图… Ⅱ. ①国… Ⅲ. ①南水北调－水利工程－中国－图解 Ⅳ. ①TV68-64

中国版本图书馆CIP数据核字(2017)第139532号

书　名　图说南水北调
TUSHUO NANSHUIBEIDIAO
作　者　国务院南水北调工程建设委员会办公室　编
出版发行　中国水利水电出版社
(北京市海淀区玉渊潭南路1号D座 100038)
网址: www.waterpub.com.cn
E-mail: sales@waterpub.com.cn
电话: (010) 68367658 (营销中心)
经　售　北京科水图书销售中心 (零售)
电话: (010) 88383994、63202643、68545874
全国各地新华书店和相关出版物销售网点

排　版　北京智煜文化传媒有限公司
印　刷　北京博图彩色印刷有限公司
规　格　140mm×203mm　32开本　4.125印张　78千字
版　次　2018年7月第1版　2018年7月第1次印刷
印　数　0001—7000册
定　价　29.00元

编辑人员名单

主　编：杜丙照

副主编：何韵华　孙永平

参　编：张　栋　潘新备　刘佳宜　秦颢洋
刘　驰　殷立涛　王　熙　邓文峰
陈　蒙　白咸勇　罗　刚　任　静
鲁　璐　朱东恺　盛　晴　赵　镝
熊雁晖　侯　坤　赵春红　李　鑫
陈　清　巫常林　孙庆宇　胡敏锐
李　萌　高　磊　冯伯宁

序

南水北调工程是缓解我国北方水资源短缺的战略性基础设施。建设南水北调工程，是党中央、国务院根据我国经济社会发展需要做出的重大决策，对于落实节约资源、保护环境的基本国策，进一步推动小康社会建设，实现经济社会可持续发展，具有极为重要的作用。

南水北调工程总体规划分为东线、中线和西线三条调水线路，与长江、黄河、淮河和海河四大江河相互连接，构成以“四横三纵”为主体的总体布局，以利于实现中国水资源南北调配、东西互济的合理配置格局。

南水北调工程受水区控制面积 145 万 km^2，约占全国的 15%，共 14 个省（自治区、直辖市）直接受益，受益人口约 5 亿。工程将缓解北方地区的水资源短缺矛盾，促进北方地区经济、社会发展和城市化进程。同时，南水北调工程通水后，可以有效缓解受水区的地下水超采局面，增加生态供水，使生态恶化的趋势得到缓解。

南水北调东、中线一期工程分别于 2013 年、2014 年建成通水，取得重大阶段性胜利，圆了中华民族半个多世纪的调水梦想。自通水以来，南水北调工程效益不断显现：直接受益人口超过 1 亿人，间接受益人口超过 2 亿人；受水区居民生活用水得到保障，水质得到提升；水源区和工程沿线生态环境得到修复和改善；受水区逐步关停自备井，使得地下水位止跌回升……

南水北调工程规模巨大、涉及面广、专业性强、体系复杂，社会大众难以深入全面对其了解，有鉴于此，我们组织编写了《图说南水北调》一书，旨在采用一问一答的形式、通俗易懂的语言、生动活泼的插图，分 102 个问题向读者介绍南水北调工程的方方面面，全书内容按照“为什么建南水北调、怎样建南水北调、南水北调水怎么用”三个部分编写，涉及工程概况、体制机制、建设管理、技术挑战、征地移民、治污环保、文物保护、运行管理、工程效益等多个方面。

南水北调功在当代，利在千秋。希望该书的出版，能够让广大读者更加全面、客观、正确地了解南水北调工程及其取得的巨大效益，能够更加深刻地认识到实施南水北调工程的重要战略意义，理解和支持南水北调事业的发展，使这一战略工程永续造福中华民族。

编者

2018 年 1 月

济平干渠输水

目　录

序

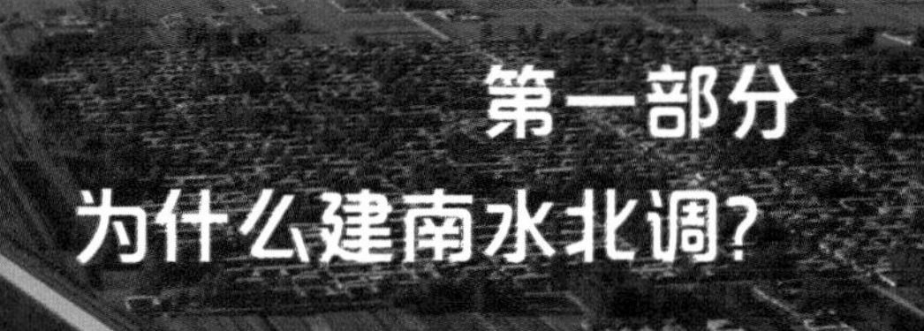

第一部分 为什么建南水北调?

WEISHENME JIAN NANSHUIBEIDIAO

1. 什么是南水北调工程?

南水北调工程是缓解中国北方水资源严重短缺局面的重大战略性基础设施。工程从长江下游、中游、上游，规划了东、中、西三条调水线路。这三条调水线路与长江、淮河、黄河、海河相互连接，构建起中国水资源“四横三纵、南北调配、东西互济”的总体格局。工程总调水规模为每年 448 亿 m^3。

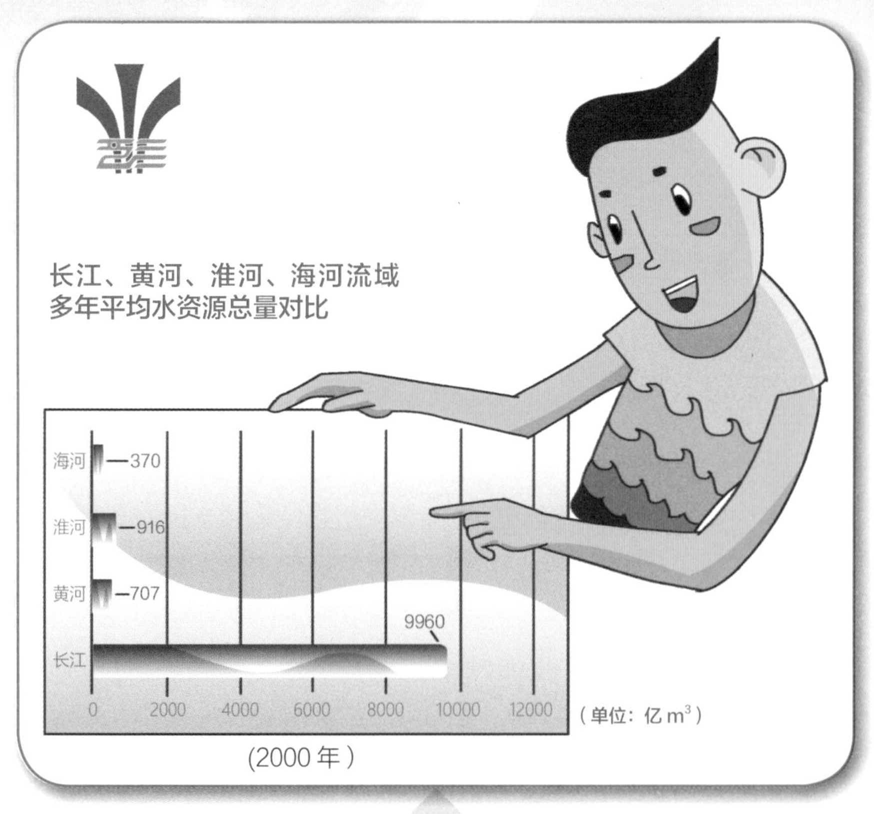

2. 为什么要实施南水北调工程？

中国北方水资源总量逐年减少，地下水超采严重，在充分发挥节水、治污、挖潜的基础上，黄河、淮河、海河流域（简称黄淮海流域）仅靠当地水资源难以支撑其经济社会的可持续发展。为缓解这种情况，国家决定在加大节水、治污力度和污水资源化的同时，实施南水北调工程。

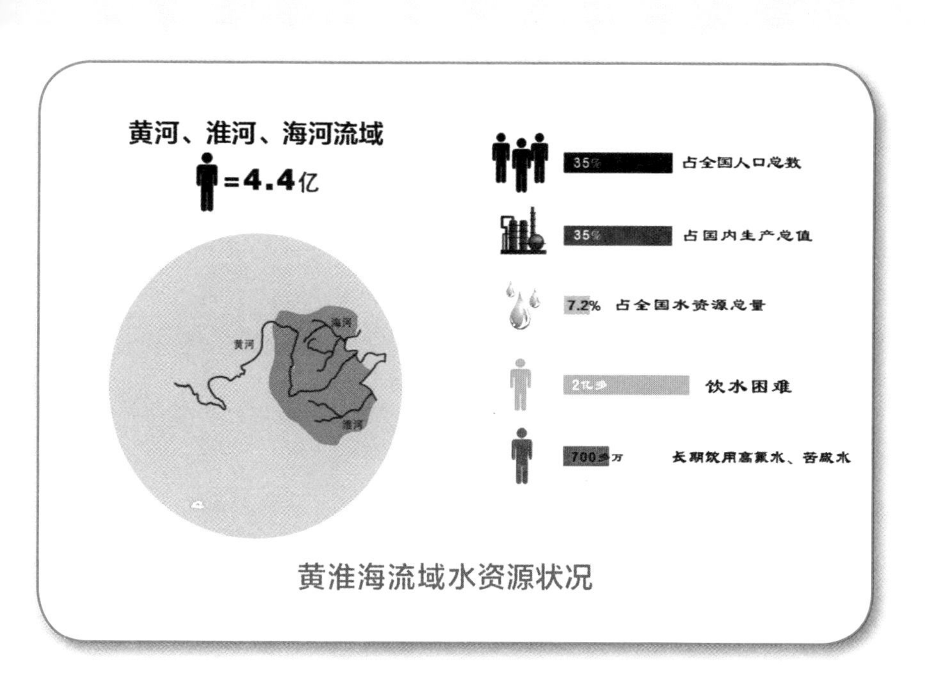

黄淮海流域水资源状况

3. 南水北调工程的特点有哪些?

南水北调工程是一项规模宏大，投资巨大，涉及范围广，影响十分深远的战略性基础设施；同时，又是一个在社会主义市场经济条件下，采取“政府宏观调控，准市场机制运作，现代企业管理，用水户参与”方式运作，兼有公益性和经营性的超大型项目集群。其建设管理的复杂性、挑战性都是以往工程建设中不曾遇到的。工程具有以下特点：

①工程多样性；②投资多元性；③管理开放性；④区域差异性；⑤技术挑战性；⑥效益综合性。

4. 黄淮海流域缺水造成哪些严重问题？

21 世纪初，华北平原河流断流、湖泊干涸且地表水污染严重，为了满足用水缺口，地下水资源严重超采，甚至形成相当大面积的地下水位漏斗，造成地面下沉、海水入侵、生态恶化等问题。

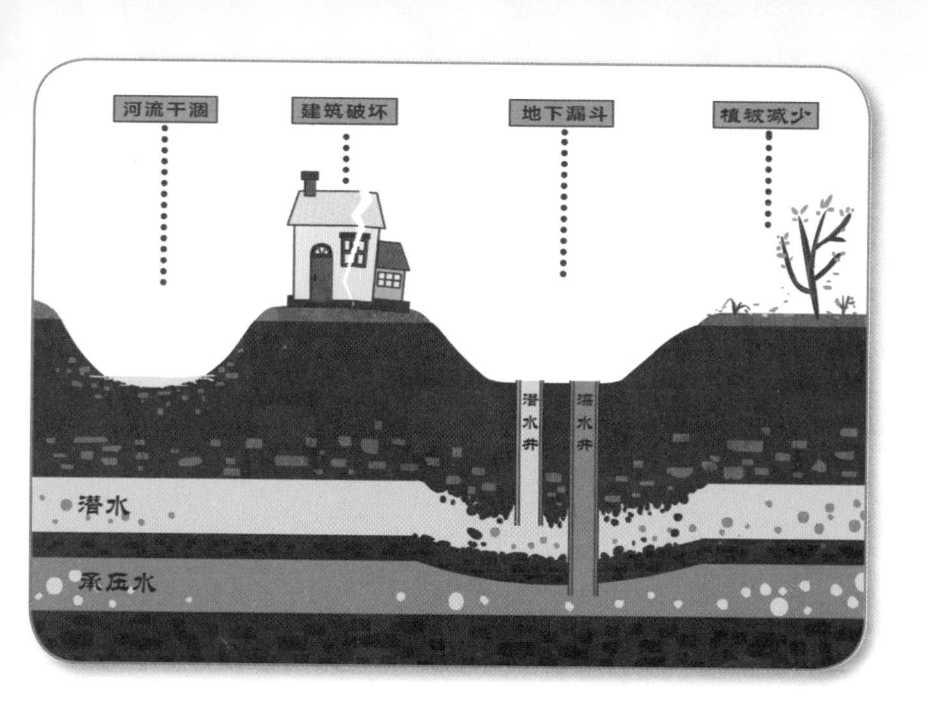

5. 解决北方水资源短缺一定要建南水北调工程吗？

近些年，华北平原河流断流、湖泊干涸、水质恶化、地下水超采严重，形成相当大面积的地下水位降落漏斗。

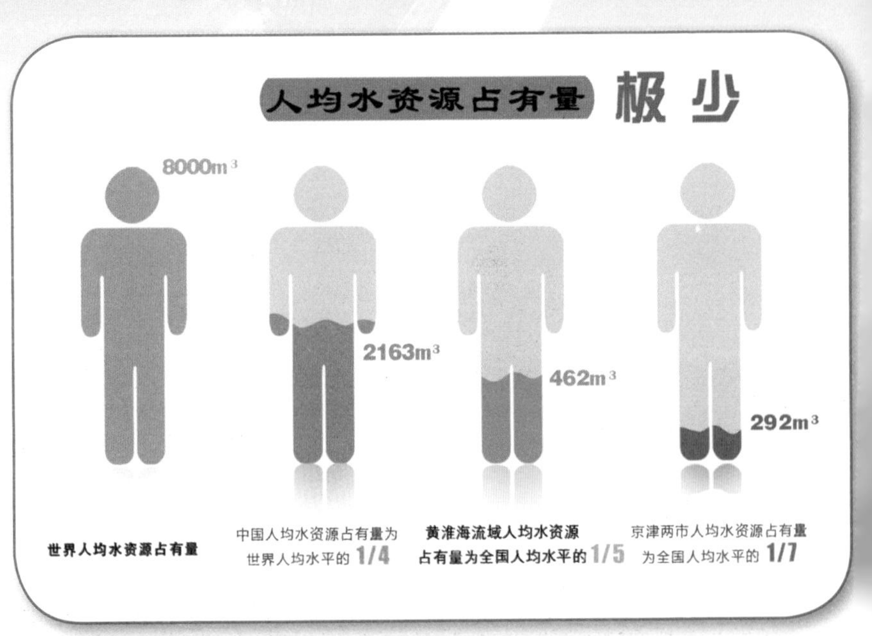

（2000 年）

黄淮海流域水资源短缺与经济社会发展、生态环境保护之间的矛盾，仅靠节水和挖掘当地水资源潜力是难以解决的。

从国家水资源现状和经济社会发展情况来看，实施南水北调工程是解决北方水资源短缺问题的必要措施。

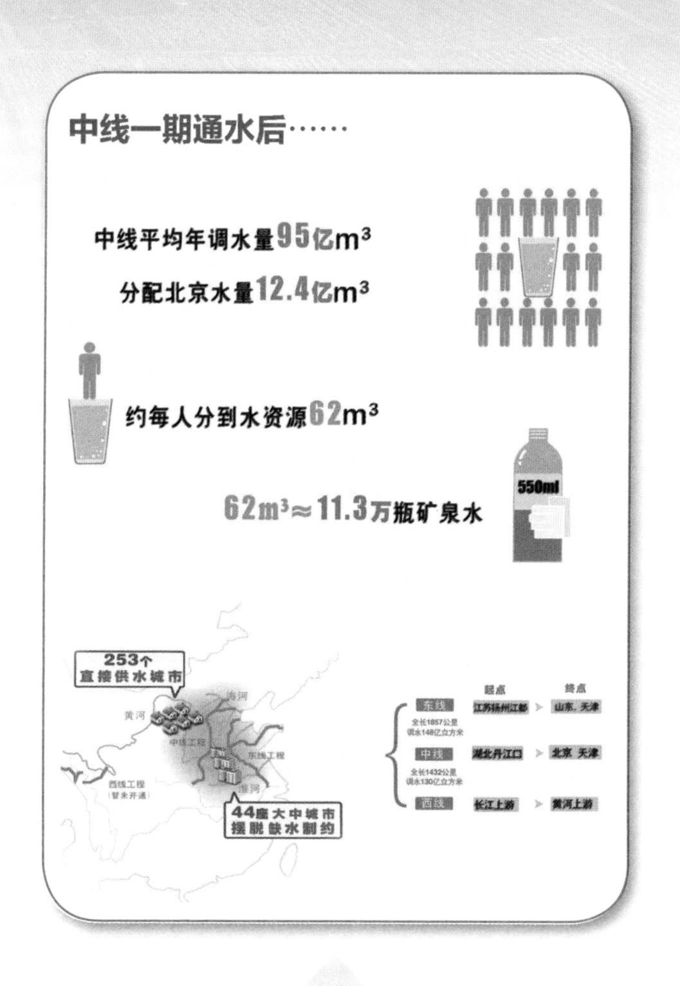

6. 加强节水是否就不需要南水北调工程了？

实施南水北调的前提就是节约用水。但对于资源型缺水的黄淮海流域来讲，即使充分发挥节水措施的作用，仍然缺水。从表中即可看出，节水量远远小于缺水量。而且，工业节水设备的改造，农业灌区渠系的修缮，喷、滴灌设备利用等，都需要较大投入，节水还涉及制度的完善、国民素质的提高等，需要较长的过程。因此，调水是必然措施。

黄淮海流域节水量与缺水量对比

年份	节水量 / 亿 m^3	缺水量 / 亿 m^3
2010	120	210~280
2030	68	320~395

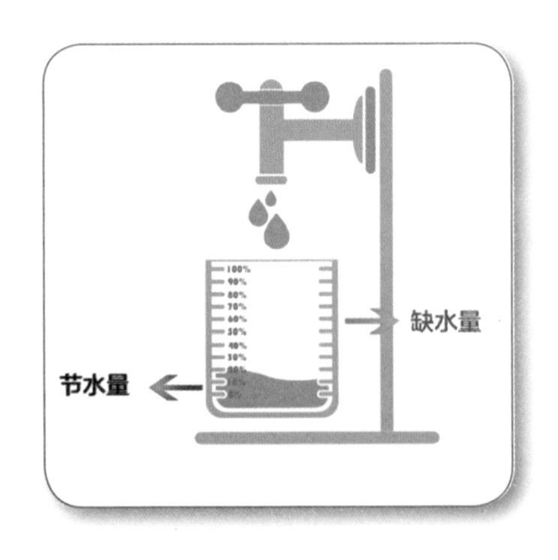

7. 南水北调工程只对北方有益吗？

南水北调直接目的，就是把南方富裕的水调一点到北方，解决北方缺水之困。乍看起来，似乎只有北方是受益者，而供水方有较大损失，事实上并非如此。“南北双赢”从一开始就是南水北调工程规划的重大原则之一。

具体来看，南水北调工程效益主要体现在 6 个方面，即供水效益、防洪效益、排涝效益、航运效益、生态效益和移民效益。

例如，江汉平原的防洪问题、东线工程水源区沿线地区易积涝问题都得到了缓解；京杭大运河被重新利用，增加了航运能力；东线治污和中线水源保护工程使这些地区的生态环境大大改善；丹江口水库移民工作使移民生活水准明显改善，提前 20 年达到现在的住房条件。

8. 为什么南水北调工程从长江调水？

水量丰富：长江是中国最大的河流，水资源丰富且较稳定，多年平均径流量约 9600 亿 m^3，特枯年也有 7600 亿 m^3。长江的入海水量约占天然径流量的 94%。

经济技术可行：从长江调水地理条件优越。长江自西向东流经大半个中国，上游靠近西北干旱地区，中下游与最缺水的黄淮海平原及胶东地区相邻，兴建跨流域调水具有显著优势。

9. 丹江口水库能调那么多水吗？

丹江口水库多年平均入库水量 380 亿 m^3。南水北调中线一期工程年均调水量 95 亿 m^3，二期工程年均调水量 130 亿 m^3。而且中线一期工程年调水 95 亿 m^3 的规模也不是一个固定的值，是根据丹江口上游来水情况而变化的。经过计算，即使在过去几十年中来水最枯的年份，也能够保证向北方调水约 60 亿 m^3。

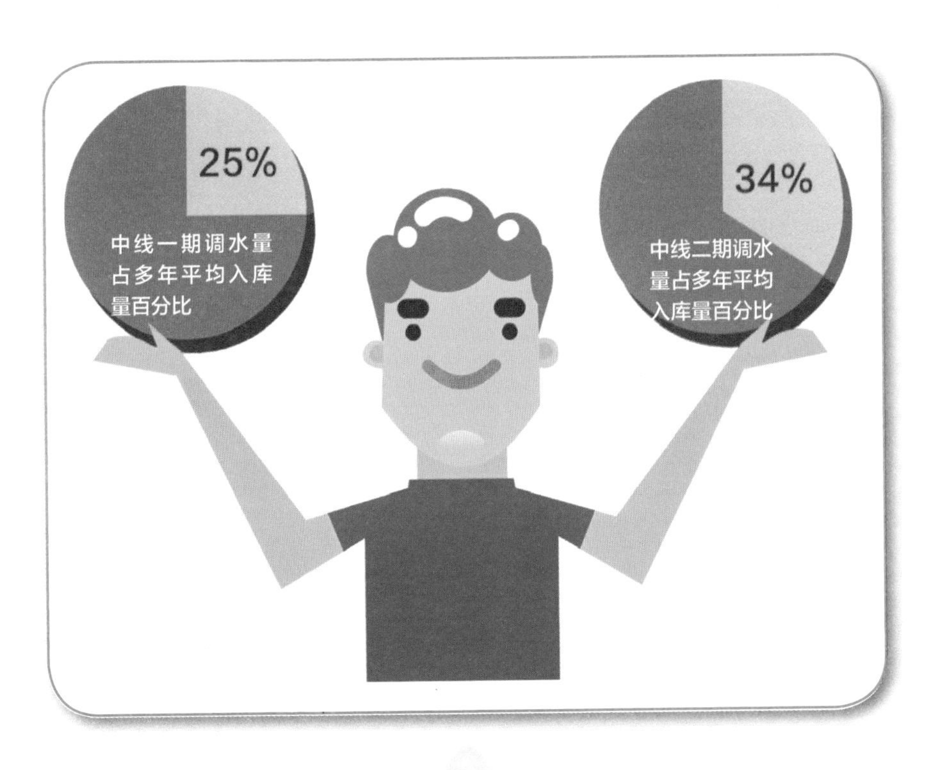

10. 南水北调工程会造成今后无水可调吗?

南水北调工程东、中、西三条调水线路从长江流域的下游、中游、上游向北方地区调水，三条调水线路规划最终年调水规模448亿m^3，而长江多年平均径流量9600亿m^3，总调水量不到长江年径流量的5%。东、中线一期工程年调水183亿m^3，仅占1.9%。长江每年流入大海的水量超过9000亿m^3，从全流域的水资源来看，长江水资源总体上可以满足南水北调的需要，不存在无水可调的问题。

11. 气候变化是否影响南水北调工程的实施?

在个别年份，北方部分地区降水增多，南方部分地区降水减少，呈现所谓“南旱北涝”的现象。这只是降水年际变化的正常波动，并没有改变中国南方水多、北方水少的格局。

加之华北平原地下水严重超采、河流普遍干涸的现状，增加的少量降水只是杯水车薪，只有南水北调工程才能为北方地区提供稳定的补充水源。

12. 如何看待海水淡化与南水北调?

海水淡化，即利用海水脱盐生产淡水。海水虽然取之不尽、用之不竭，但海水淡化是一个高耗能的产业，成本太高，不能大范围解决缺水问题。而且，淡化海水水质无法与天然淡水相比，其矿物质含量少，对身体健康存在影响，一般不宜长期饮用。

与海水淡化相比，南水北调工程在成本控制、污染治理等方面存在优势。

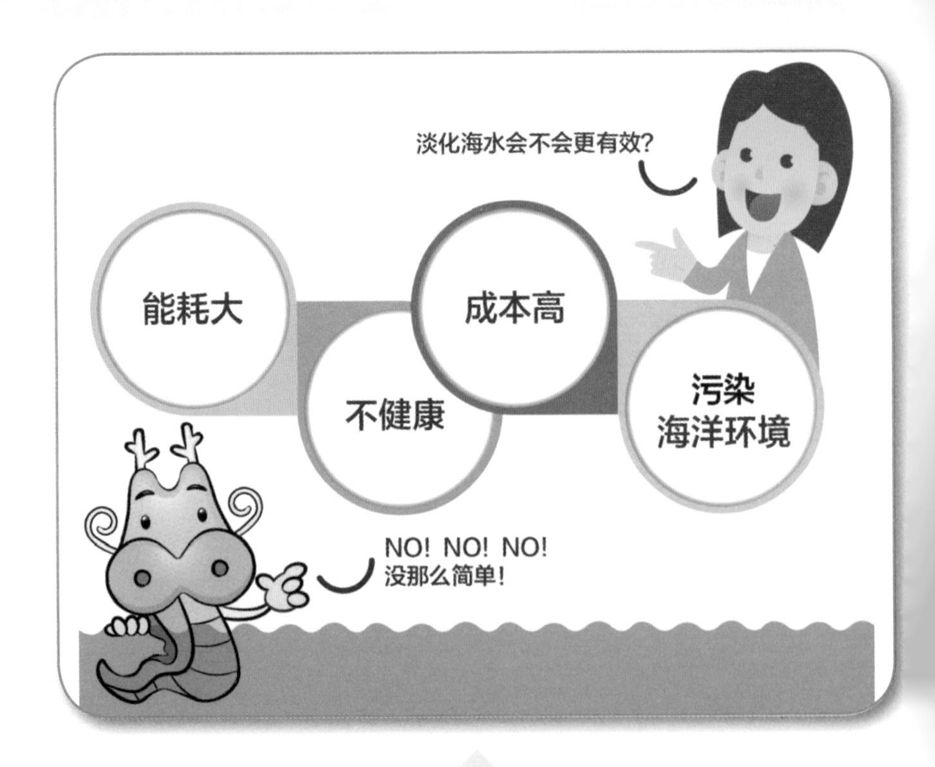

13. 南水北调对生态环境的影响如何?

南水北调工程对受水区和输水区生态环境的有利影响是主要的。通过工程的建设，可以促进受水区和输水区的环境治理和改善，为修复受水区生态环境创造条件。对调水区生态环境的不利影响，可以通过采取工程措施和非工程措施予以缓解或消除。

14. 南水北调工程经历了哪些论证过程?

南水北调工程规划论证从 1952 年开始，一直到 2002 年，历经半个世纪，主要经历了五个阶段。

南水北调工程规划论证阶段

论证阶段	经历时间
探索阶段	1952 —1961 年
以东线为重点的规划阶段	1972 —1979 年
东、中、西线规划研究阶段	1980 —1994 年
论证阶段	1995 —1998 年
总体规划阶段	1999 —2002 年

15.“四横三纵”大水网格局具体情况如何?

国务院批复的《南水北调工程总体规划》确定，南水北调东线、中线、西线工程分别从长江下游、中游、上游取水，与长江、黄河、淮河、海河四大江河相互连接，并利用黄河由西向东贯穿北方的天然优势，实现水量合理调配，构成以“四横三纵”为主体的大水网格局。

“四横”，是指长江、黄河、淮河和海河。“三纵”，就是南水北调的东线、中线、西线工程。

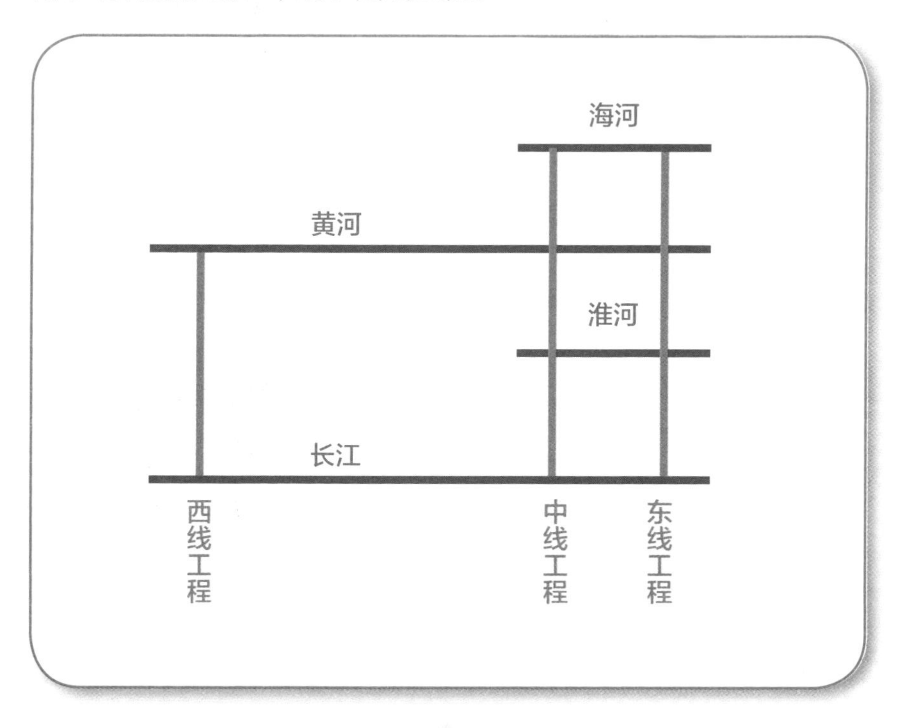

16. 南水北调工程一共要调多少水？

南水北调工程规划最终年调水规模448亿m^3，其中东线148亿m^3，中线130亿m^3，西线170亿m^3，建设时间约需50年。

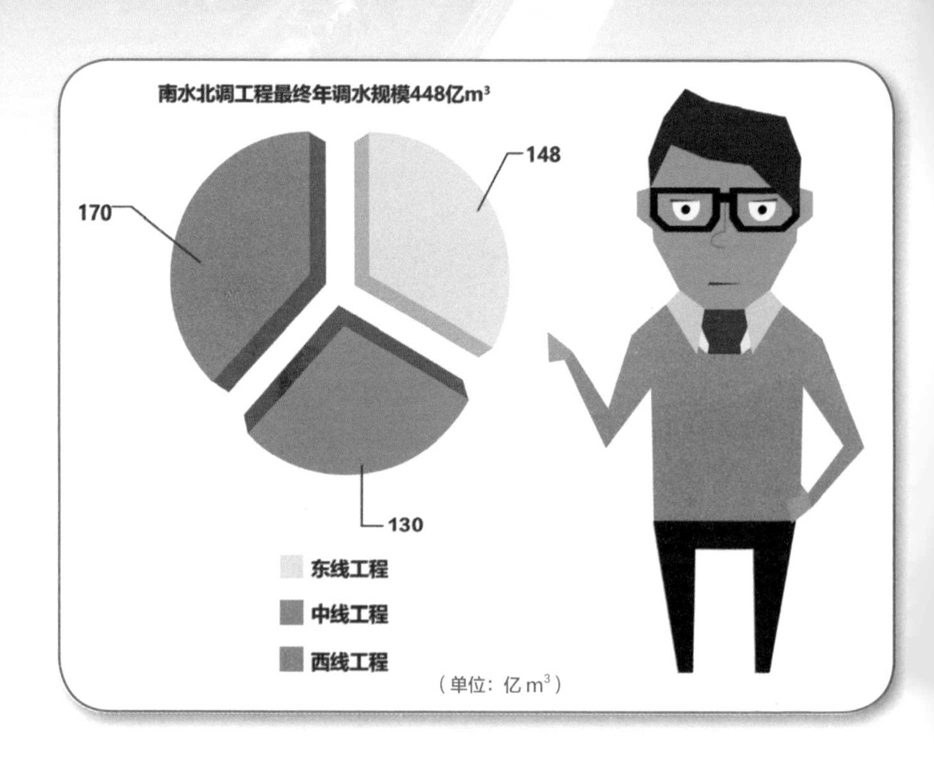

17. 中线一期工程调水量是如何分配的?

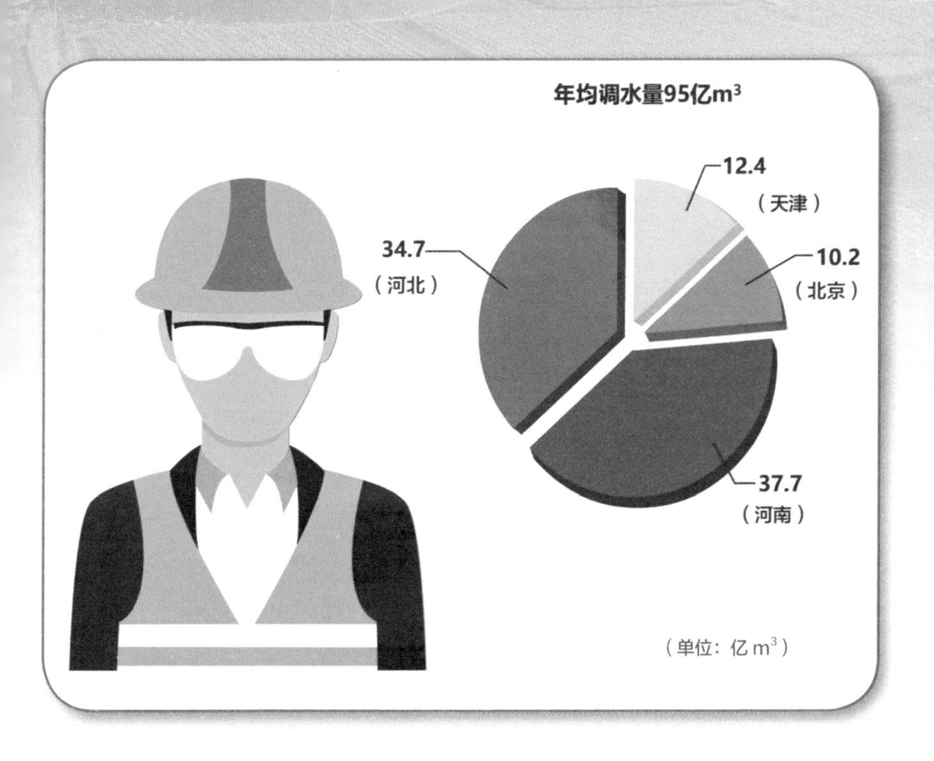

中线一期工程年均调水量为 95 亿 m^3。根据受水区水资源供需情况，确定中线工程一期调水量分配方案。中线工程向沿线 100 多个县（县级市）及多个大中城市提供生活、工业用水，并兼顾农业和生态用水。

18. 东线一期工程调水量是如何分配的?

东线一期工程从长江下游江苏省境内的江都泵站引水，共设置13级泵站提水，干线工程全长1467km，受水区内分布有江苏、安徽、山东3省的20余个地级市及其所属的县（市、区）。

东线一期工程规划多年平均抽江水量为87.7亿m^3，受水区干线分水口门净增供水量36.01亿m^3。

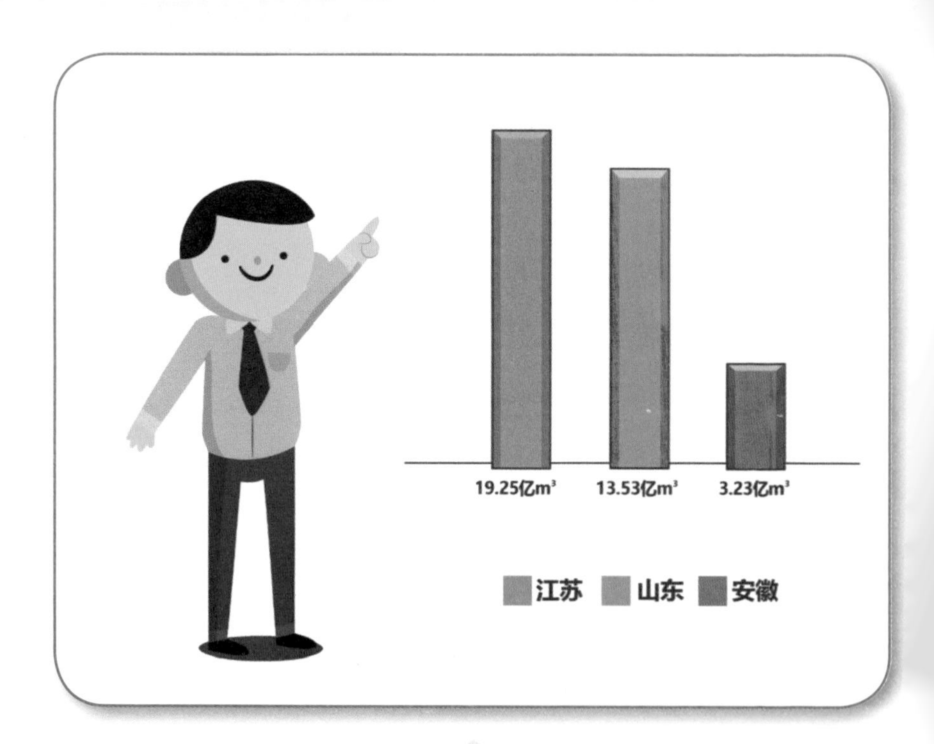

19. 什么是“三先三后”原则?

“三先三后”原则，即为“先节水后调水、先治污后通水、先环保后用水”。这是指导南水北调工程规划、建设和运行的基本原则。

20. 南水北调工程发挥哪些作用？

南水北调工程具有显著的社会效益、经济效益和生态效益，主要作用是缓解北方地区水资源短缺矛盾，为受水区经济社会可持续发展和京津冀协同发展等战略实施提供可靠的水资源保障，遏制水生态恶化及地下水超采趋势。

21. 南水北调工程与京津冀协同发展战略的关系如何?

南水北调工程的实施，对京津冀协同发展战略的实施具有重要的促进和保障作用。

首先，京津冀区域发展最大的制约因素之一就是水资源匮乏。

其次，京津冀协同发展就是要实现各生产要素各区域之间科学配置、合理流动。

此外，南水北调工程水价将根据调水距离远近而不同，调水距离越远水价越高。这种水价结构正好与京津冀协同发展政策相匹配，可以利用水价的杠杆作用进一步促使在北京、天津发展耗水少、占地少、附加值高的产业，也有利于促进其他产业向河北省转移。

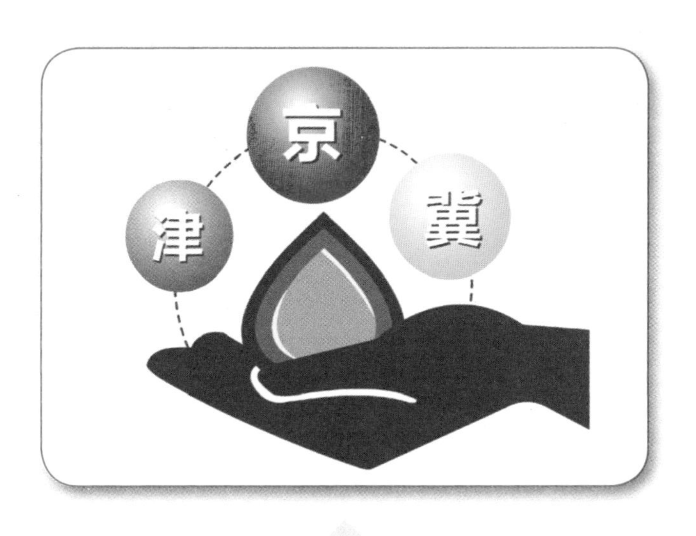

22. 世界上有哪些类似的调水工程?

据不完全统计，世界上有 160 多项调水工程，其中，著名的调水工程有：

美国加州北水南调工程（加州中央河谷工程），美国亚利桑那州科罗拉多河调水工程，利比亚人工大运河调水工程，巴基斯坦西水东调工程，以色列北水南调工程，澳大利亚雪山调水工程等。

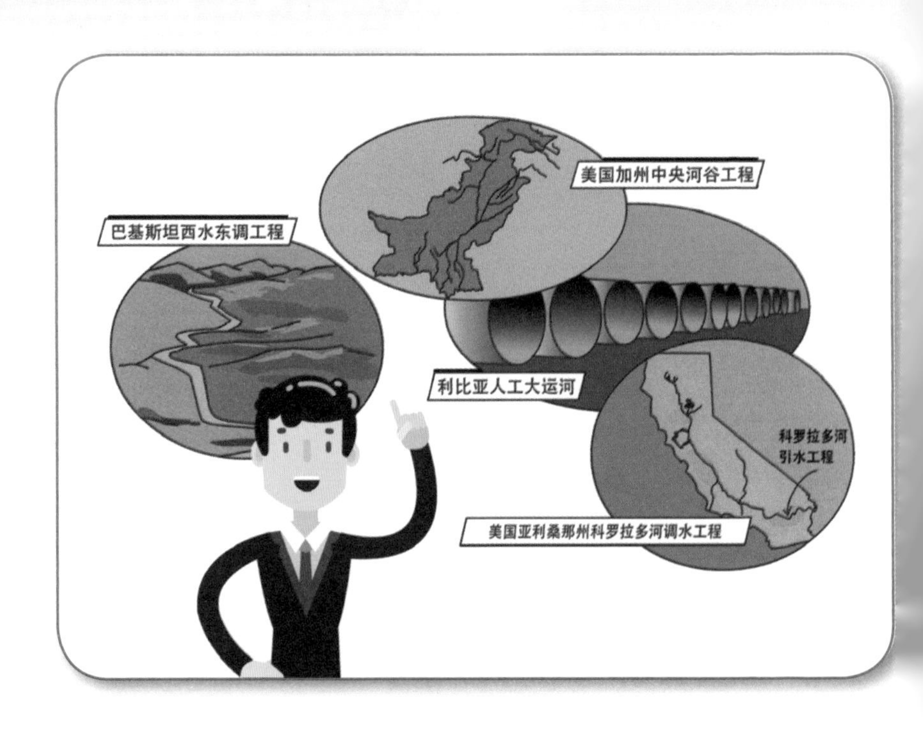

23. 中国有哪些主要的调水工程？

公元前 486 年修建的引长江水入淮河的邗沟工程，是中国最早的跨流域调水工程。始建于公元前 256 年的都江堰水利枢纽，成就了四川“天府之国”的美誉。公元前 214 年修建的灵渠，联结长江与珠江水系，构成了遍布华东、华南的水运网。而 1400 年前开凿的京杭大运河，形成了联系海河、黄河、淮河、长江以及钱塘江等多条河流的跨流域调水工程。

中华人民共和国成立后，也有如天津引滦入津、山东引黄济青等重要的调水工程。

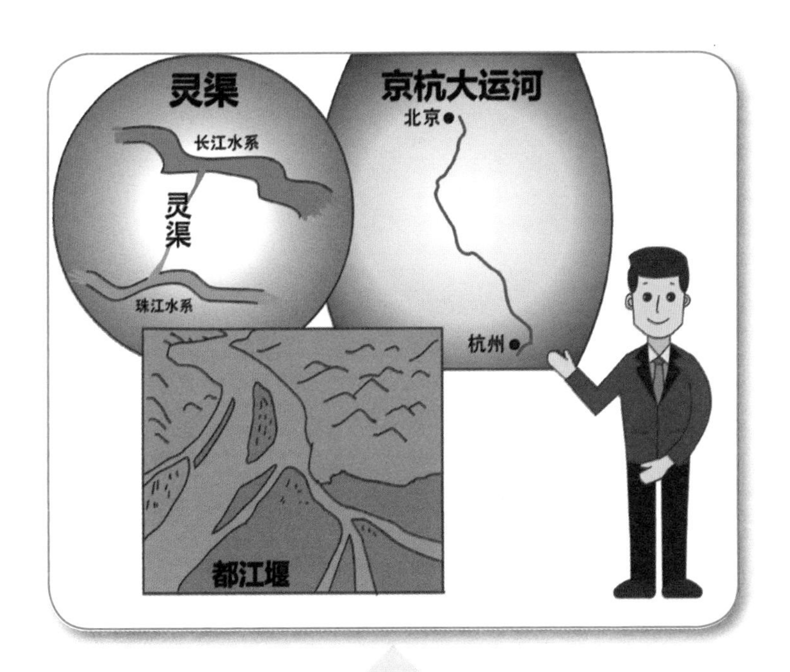

南水北调利国利民

第二部分
怎样建南水北调?

ZENYANG JIAN NANSHUIBEIDIAO

24. 南水北调工程是由什么部门管理的?

国务院成立国务院南水北调工程建设委员会，决定南水北调工程的重大问题。

国务院南水北调工程建设委员会办公室（正部级），是国务院南水北调工程建设委员会的办事机构，承担南水北调工程建设期的行政管理职能。

南水北调工程沿线各省、直辖市设有相应的办事机构。征地移民、环境保护等工作由地方相关工作机构负责。

2018 年，国务院南水北调工程建设委员会及其办公室并入水利部。

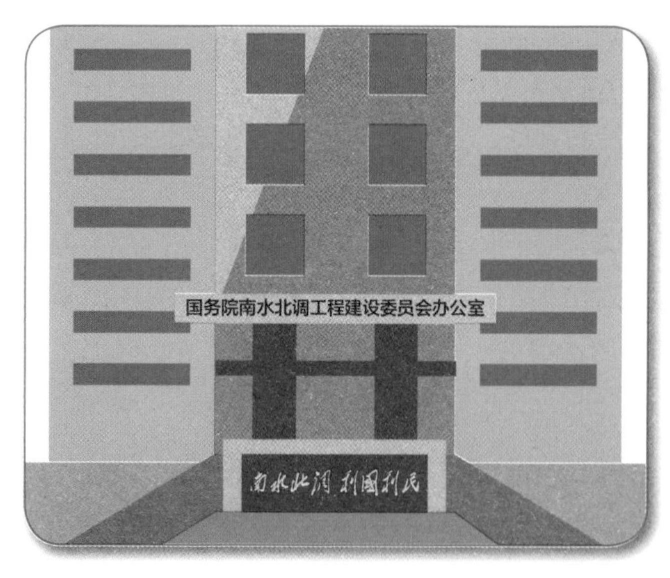

25. 如何对南水北调工程建设进行管理?

南水北调工程按照政企分开、政事分开的原则，严格实行项目法人责任制、建设监理制、招标承包制和合同管理制。

南水北调工程建设以项目法人为主导，实行直接管理与委托管理相结合的建设管理方式。同时推行代建制管理，委托有资质有经验的建设管理单位或运行管理单位承担。

26. 南水北调工程是何时开始建的?

2002 年 12 月 23 日，国务院批复同意《南水北调工程总体规划》。2002 年 12 月 27 日，南水北调东线一期工程开工，标志着南水北调工程进入实施阶段。

27. 南水北调工程的输水形式有哪些？

输水形式主要有明渠、渡槽、暗涵、管涵、隧洞、倒虹吸等。

28. 南水北调东线工程是全线自流的吗?

东线一期工程是从长江下游江都水利枢纽抽引长江水，利用和扩建京杭大运河及其平行的河道，通过 13 个梯级泵站逐级提水北送，经洪泽湖、骆马湖、南四湖，最终提到东平湖最高水位，总扬程 65 米，然后自流输水至胶东半岛。

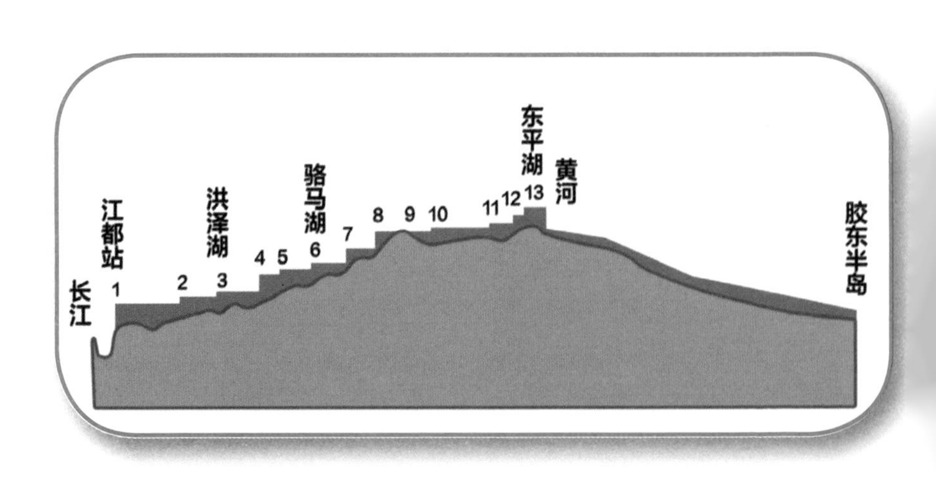

29. 南水北调中线工程是全线自流的吗?

中线工程是从加高大坝扩容后的丹江口水库陶岔渠首闸引水，沿线建设全封闭式输水通道，沿黄淮海平原西部边缘，穿越黄河后沿京广铁路西侧北上，利用丹江口水库与北京之间约 100 米的落差，全线自流输水。

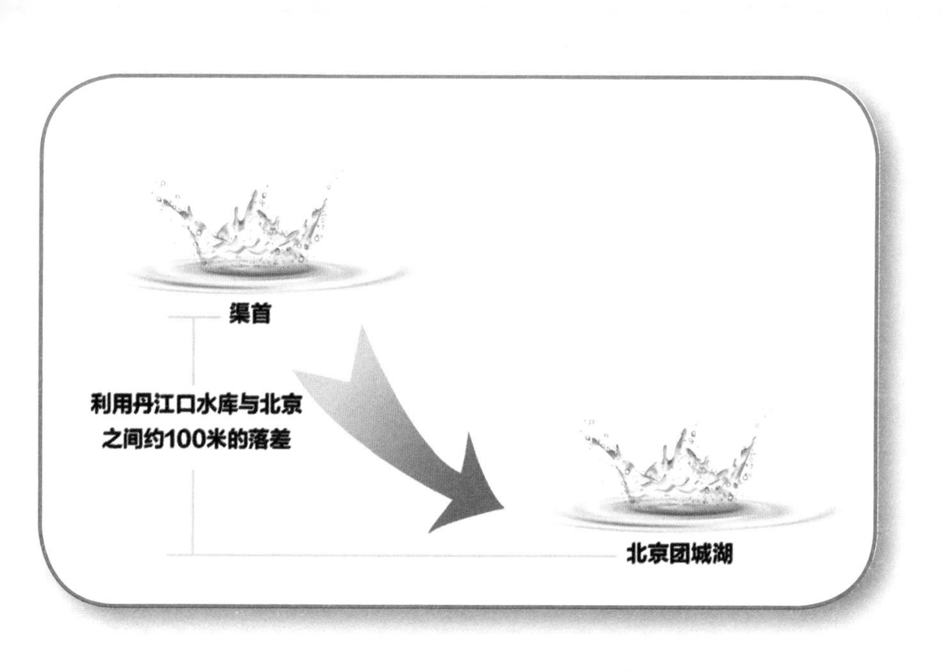

30. 东线工程什么样?

东线工程从长江下游扬州江都抽引长江水，利用京杭大运河及与其平行的河道逐级提水北送，并连接起调蓄作用的洪泽湖、骆马湖、南四湖、东平湖。出东平湖后分两路输水：一路向北，在位山附近经隧洞穿过黄河，输水到天津；另一路向东，通过济平干渠、胶东输水干线经济南输水到烟台、威海。调水规模为148 亿 m^3，规划分三期建设。

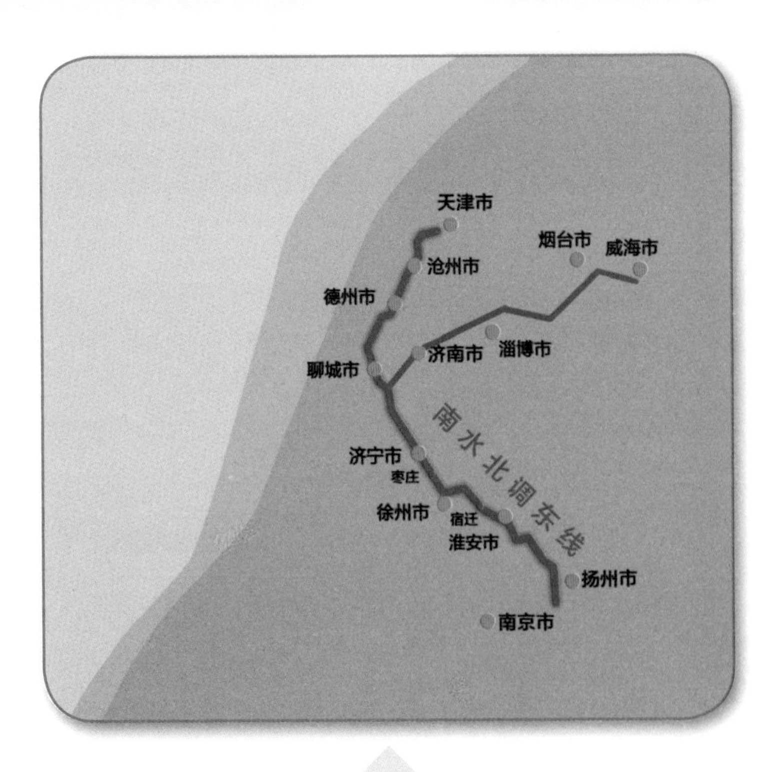

31．中线工程什么样?

中线工程充分利用自然地理条件，从加高大坝扩容后的丹江口水库陶岔渠首闸引水入渠道，经长江流域与淮河流域的分水岭方城垭口，沿黄淮海平原西部边缘，在郑州以西穿过黄河，沿京广铁路西侧北上，可基本自流到北京、天津。调水规模 130 亿 m^3，规划分两期建设。

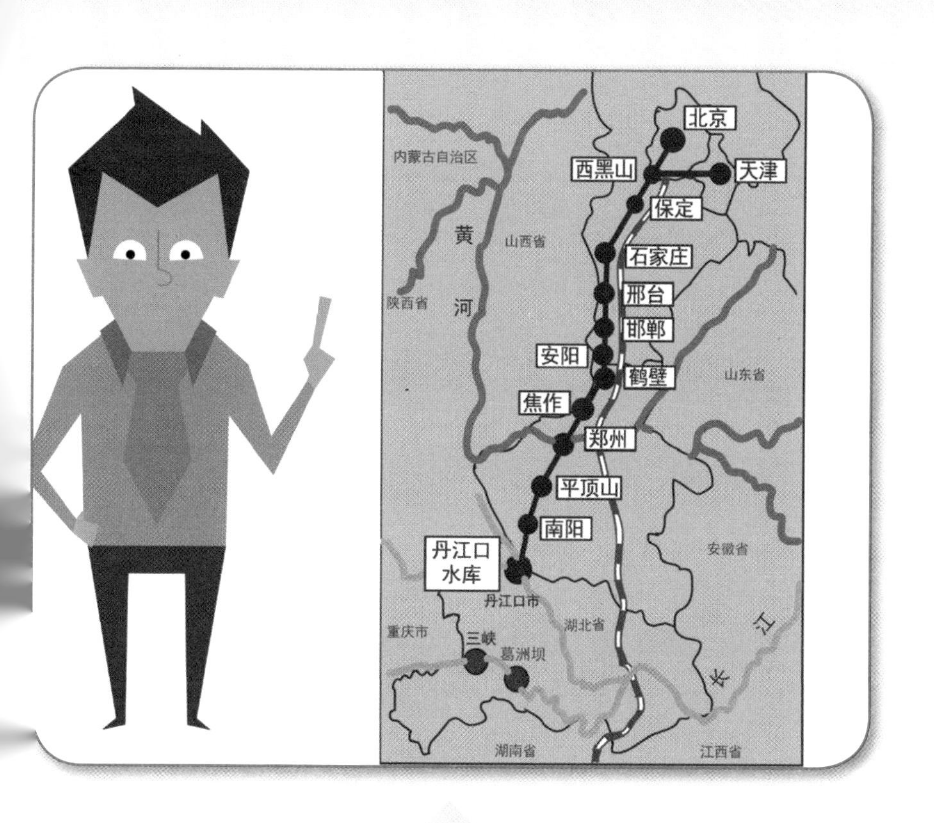

32. 西线工程什么样?

西线工程通过在长江上游通天河、支流雅砻江和大渡河上游筑坝建库，开凿穿过长江与黄河分水岭巴颜喀拉山的隧洞，调长江水入黄河上游。西线工程供水目标，主要是解决青海、甘肃、宁夏、内蒙古、陕西、山西6省（自治区）黄河上中游地区和渭河关中平原的缺水问题。结合兴建黄河干流上的大柳树水利枢纽等工程，还可以向临近黄河流域的河西走廊地区供水，必要时也可向黄河下游补水。调水规模170亿m^3，规划分三期建设。

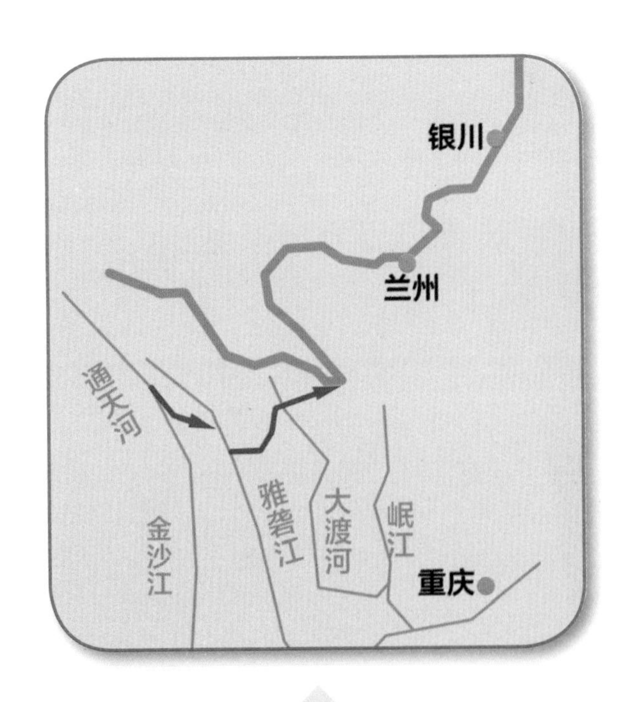

33. 东、中线一期工程建设情况如何？

东线一期工程于 2002 年 12 月 27 日开工，2013 年 11 月 15 日通水。工程运行平稳，输水水质稳定，达到供水水质标准。

中线一期工程于 2003 年 12 月 30 日开工，2014 年 12 月 12 日通水。通水期间，全线水位平稳，设备运行正常，水质稳定达到或优于Ⅱ类标准。

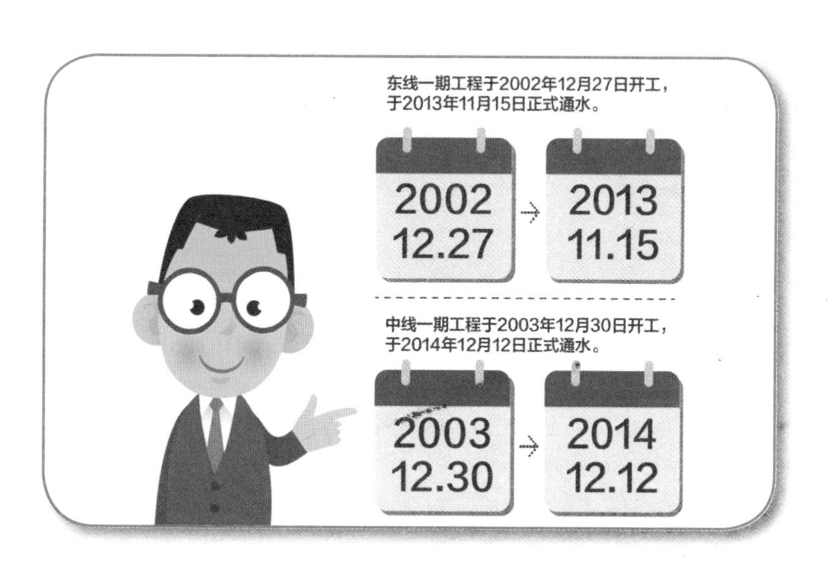

34. 西线工程前期进展如何？

西线工程规划分三期实施，调水 170 亿 m^3。目前，还在进行前期研究。

35. 东线工程是如何利用京杭大运河的?

东线工程除了对原有河段进行修缮外，有些河段是在京杭大运河的线路遗迹上重新开挖的，还开挖了一些全新的河段。东线一期工程建成后，京杭大运河黄河以南从东平湖至长江实现全线通航，1000 ~ 2000t 级船舶可畅通航行，新增港口吞吐能力 1350 万 t，新增加的运力相当于“京沪铁路”，成为中国仅次于长江的第二条“黄金水道”。

通过东线治污，东线输水干线水质全部达到Ⅲ类标准。沿线淮安、徐州、济宁等城市人居生活环境也得到较大改善。

36. 南水北调工程是如何穿越黄河的?

南水北调东、中线工程均采用立交的隧洞方式，从黄河底部下方穿过。西线工程规划调长江水入黄河上游。

中线穿黄工程隧洞，采用盾构法施工，双层混凝土衬砌，内径 7m，长度 3450m，地点在郑州以西的孤柏嘴。东线穿黄工程是在勘探试验洞的基础上扩挖建成的。

37. 东线调水与中线调水有什么区别?

东线工程受地形限制，需要多级泵站提水输送，抽水扬程65m。中线工程利用从水源地丹江口水库到北京团城湖近百米的水位差，使长江水全线自流。

另外，东线利用原有河道或新建河道输水，黄河以南采用梯级泵站扬水，黄河以北自流输水。中线为全封闭新建渠道和跨河建筑物等。

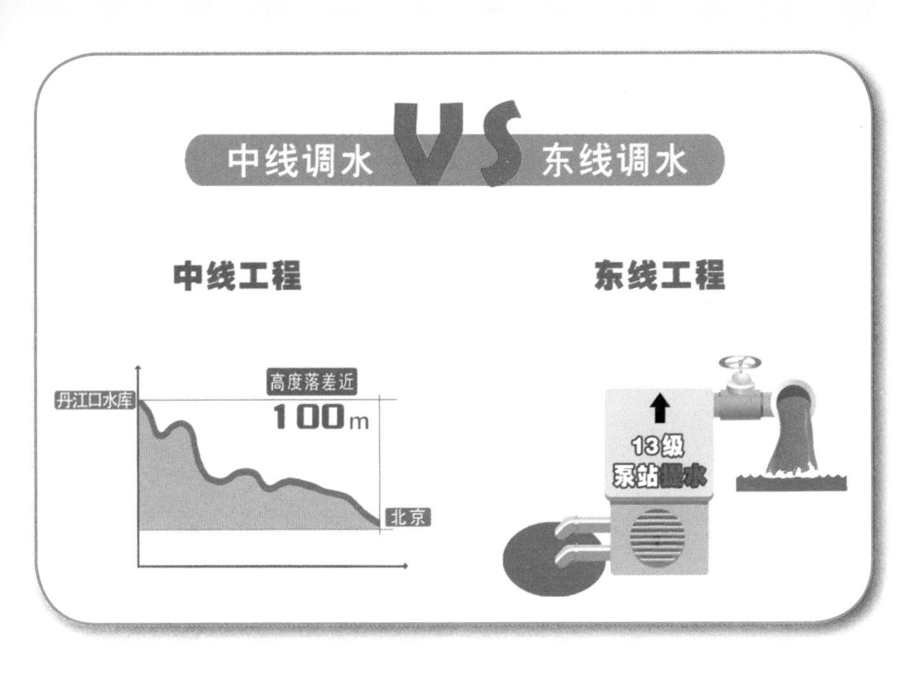

38. 东、中线一期工程配套工程情况如何?

南水北调工程沿线需要修建配套工程，将主干渠同用水户终端连接起来，包括总干渠至自来水厂的引水渠道、自来水厂及水厂以下管网。

东、中线一期工程的配套工程涉及北京、天津、河北、河南、山东、江苏 6 个省（直辖市），66 个地级市，276 个县（区、市）。线路全长超过 3000 公里。

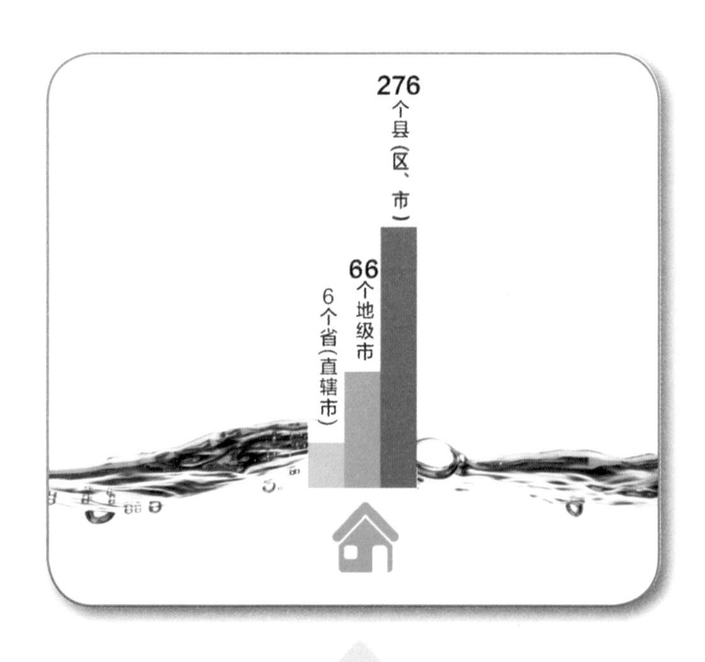

39. 南水北调工程在技术方面遇到了哪些挑战?

南水北调工程是迄今为止世界上最大的调水工程，在设计、建设等方面，面临诸多技术挑战。

- 丹江口大坝加高中新老混凝土结合技术
- 中线隧洞穿黄河工程技术
- 东线大型低扬程、大流量泵站技术
- 中线渡槽群设计和施工技术
- 中线PCCP预应力钢筒混凝土管道制造和安装
- 中线膨胀土地区渠道边坡处理技术

40. 南水北调工程有哪些"世界之最"？

南水北调工程从规划、开工建设以来，创下了多个"世界之最"。

- 规模最大的调水工程
- 供水规模最大的调水工程
- 距离最长的调水工程
- 受益人口最多的调水工程
- 受益范围最大的调水工程
- 水利移民史上最大强度移民搬迁——丹江口库区移民搬迁
- 规模最大的泵站群——东线泵站群工程

……

41. 为什么开展东线治污?

南水北调东线工程处于经济较发达的东部地区，利用京杭大运河及其沿线现有湖泊调蓄和河道输水。这些湖泊和河道水污染曾相当严重，有人担心“污水北调”。因此，党中央、国务院提出了“先节水后调水、先治污后通水、先环保后用水”的原则，要求在通水之前，必须将输水干线水质治理达到国家地表水环境质量Ⅲ类标准。

42. 东线治污工作包括哪些方面?

东线一期工程治污重点是实施清水廊道建设。治污工作包括工业结构调整、工业综合治理、城镇污水处理及再生利用设施建设、流域综合整治以及截污导流等五大类项目。通过项目实施,建立“治理、截污、导流、回用、整治”一体化治污体系,保证东线输水沿线水质达到规划要求。

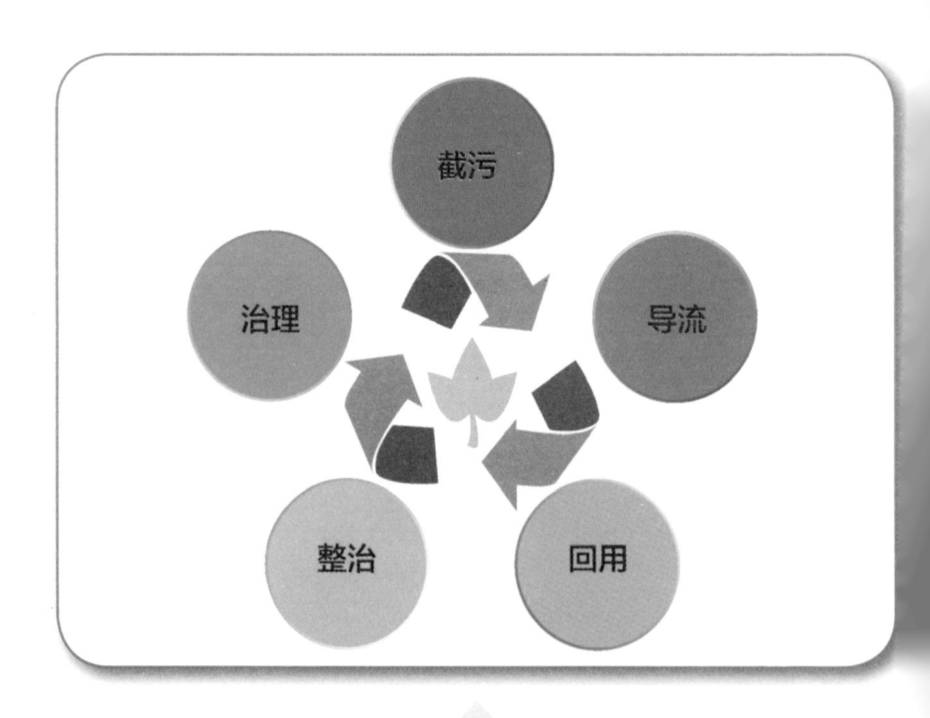

43. 为什么要开展中线水源保护?

中线工程的主要任务是为受水区提供生活用水，保证中线供水水质安全是重中之重。此前，丹江口库区及上游地区工业企业污染物排放量大；水源区农业种植、养殖简单粗放，水土流失严重；农业种植化肥农药施用强度高，化肥农药伴随水土流失入河入库，造成氮、磷含量较高；城镇污水、垃圾处理等环境基础建设滞后。这些都对水质安全构成威胁。另外，随着该地区经济社会快速发展，污染物排放量进一步增加，因此需采取严格的水源保护措施，确保中线调水水质安全。

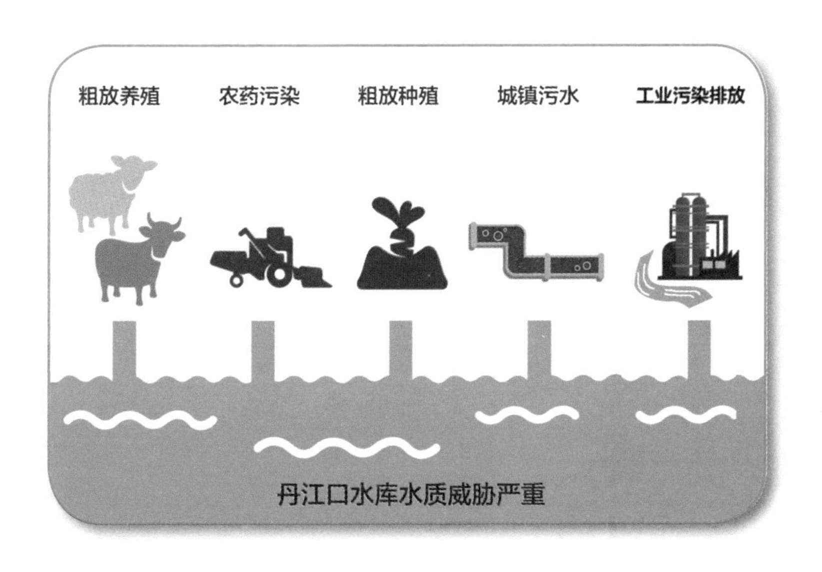

44. 如何做好中线水源保护工作?

- 加大宣传力度，强化环境保护意识。
- 加强对水源地工业污染综合治理。
- 严格控制面源污染，积极发展生态农业。
- 加大水源区水土流失治理力度。
- 落实水污染防治和水土保持规划、地区经济社会发展规划。

45. 为什么在中线干线沿线划定水源保护区？

为促进中线干线水质安全措施落实，编制《南水北调中线干线工程两侧生态带建设规划》。规划提出工程建设管理区及水源保护区内的水质安全防范和生态建设任务：

- 完善工程管理区两侧林带建设。
- 在一级水源保护区内，建设防护林，实施农业结构调整，控制农业生产和农村生活污染物排放，开展沿线城市园林绿化，构建中线干线工程首级生态屏障。
- 在二级水源保护区内，整合国家和地方已有规划，引导开展农村面源污染整治，发展绿色高效农业等措施，形成中线干线工程次级生态屏障。

46. 中线水源区生态补偿和对口协作工作开展情况如何?

2008 年起，中央财政率先将水源区 40 个县纳入国家重点生态功能区转移支付范围，享受中央财政转移支付政策，2009 年扩大到 43 个县，覆盖全部水源区。2011 年将污水、垃圾处理设施运行费用作为特殊支出，进一步加大生态转移支付力度。

对口协作方面，北京市分别与河南、湖北两省签定战略合作框架协议，并安排 5000 万元支持河南淅川县金银花种植基地建设；北京市制定对口协作工作实施方案、规划，确定 16 个区（县）与河南、湖北两省 16 个县（市、区）建立“一对一”结对关系，每年安排 5 亿元引导资金用于对口协作重点领域。天津市与陕西省协商制定对口协作规划，安排专项资金，重点支持水源区开展环境基础设施建设。

47. 南水北调为减小负面影响采取了哪些措施？

南水北调工程建设期间，参建单位通过工程、技术、政策、经济等各种措施，尽量不扰民，将负面影响减少到最小，将不利影响控制在可承受范围。

通水之后，密切监测调水对生态环境可能带来的不利影响，采取有效措施予以解决，使南水北调工程造福于民。

48. 有人认为南水北调工程改变了原有的水资源格局，带来了气候方面的影响，事实如此吗？

近年来，北方降水增多，南方降水减少，部分地区呈现出所谓“南旱北涝”的现象。有的人质疑南方无水可调，有的人提出北方不再缺水。有此疑问的人，仅仅是针对个别年份的情况来推断整体趋势，这既不符合实际情况，也无科学依据，更没考虑当今中国经济社会发展的现实。

首先，从南方水量上来看，长江多年平均径流量 9600 亿 m^3，调水量仅占长江年径流量的 5%，南方水资源足以满足南水北调的需要。

其次，从北方是否缺水来看，华北平原地下水严重超采、河流普遍干涸的现状，增加的少量降水只是杯水车薪，且降水变化趋势不能确定，只有南水北调工程才能为北方地区提供稳定充足的补充水源。

49. 南水北调工程如何协调城市用水与农业、生态用水的矛盾?

南水北调工程在解决城市缺水的基础上，最大限度地兼顾农业用水：向靠近水源区、供水成本较低的受水区，如东线江苏北部等地区、河南南阳刁河灌区增加供水量；将被城市挤占的水量偿还于农业；将经过处理达标后的废污水用于农业和生态用水。

此外，当丹江口水库来水较丰时，可以利用中线工程加大输水量，通过输水渠道与当地河道交叉处设置的分水口门、退水闸等设施，放水入河湖，增加部分生态用水，改善生态环境。

50. 如何消除调水对汉江中下游的影响？会不会造成汉江中下游的干旱？

为了减轻或消除调水对汉江中下游的影响，中线一期工程在年均调水 95 亿 m^3 的前提下，同步实施了引江济汉、兴隆水利枢纽、改（扩）建闸站、整治局部航道四项补偿工程。

兴建引江济汉工程，可从长江向汉江兴隆枢纽下游补水，设计流量为 350 m^3/s，最大引水 500 m^3/s。

加高后的丹江口大坝和新建兴隆枢纽具有调节作用，兴隆枢纽下游的多年平均水位将抬高 0.15 ~ 0.30m，沿江两岸的供水保证率将提高 1.3% ~ 21.5%，汉江中下游六大灌区灌溉供水保证率均可保持在 93% 以上，供水和航运也均有改善和提高。兴隆水利枢纽工程抬高了汉江枯水期水位，不但使两岸灌区供水保证率较之前有所提高，还改善了航运条件。兴隆枢纽建成投产后，可增加农田灌溉面积 327 万亩。

汉江中下游部分闸站改造工程的主要任务是恢复并改善因中线调水而引起下降的 31 个闸站的灌溉水源保证率，维持原农业灌溉供水条件，涉及两岸主要灌区 11 个。

汉江中下游局部航道整治工程范围为丹江口至汉江河口 652 公里河段，建设规模为Ⅳ（2）级航道，以维持原通航 500 吨级航道标准。

51. 如何消除航运对东线水质的威胁？如何确保东线水质？

东线沿线跨越敏感水域的道路、桥梁众多，且普遍存在路（桥）面径流收集系统不完善、应急防控设施管理不到位等问题。

通水前，江苏、山东两省主要通过加强内河港口（港区）水污染防治、推进内河运输船舶船型标准化、加强危险货物港口作业和运输管理、做好船舶垃圾及油污水接收上岸、强化内河航运支持保障体系建设等，加强航运污染的治理和管控。

通水后，两省严格按照《南水北调工程供用水管理条例》《水污染防治行动计划》等要求，加强港口、码头等船舶污染治理，努力实现污染物船内封闭、收集上岸，不向水体排放。

52. 东、中线一期工程投资金额有多少?

南水北调东、中线一期工程批复总投资为 3082 亿元，其中东线一期工程 554 亿元，中线一期工程 2528 亿元。

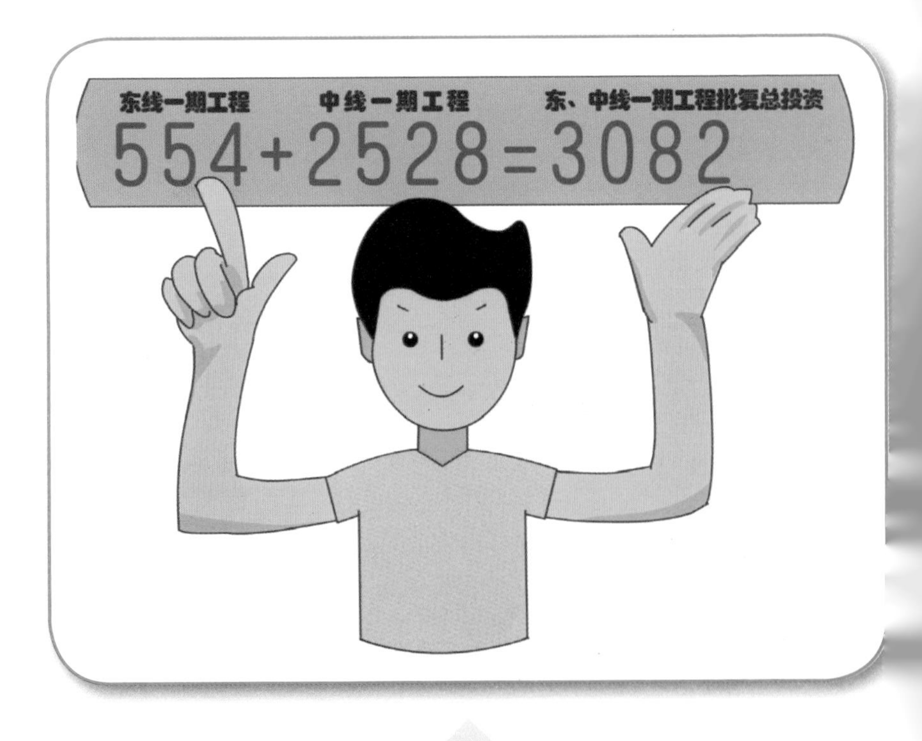

53. 建设南水北调工程资金从哪里来?

南水北调工程建设资金采用多渠道筹集，即由中央预算内投资、南水北调工程基金、银行贷款、国家重大水利工程建设基金及地方、企业自筹资金等组成。

东、中线一期工程总投资 3082 亿元，其中：中央预算内投资 414 亿元，南水北调工程基金 290 亿元，银行贷款 558 亿元，国家重大水利工程建设基金 1777 亿元，地方及企业自筹 43 亿元。

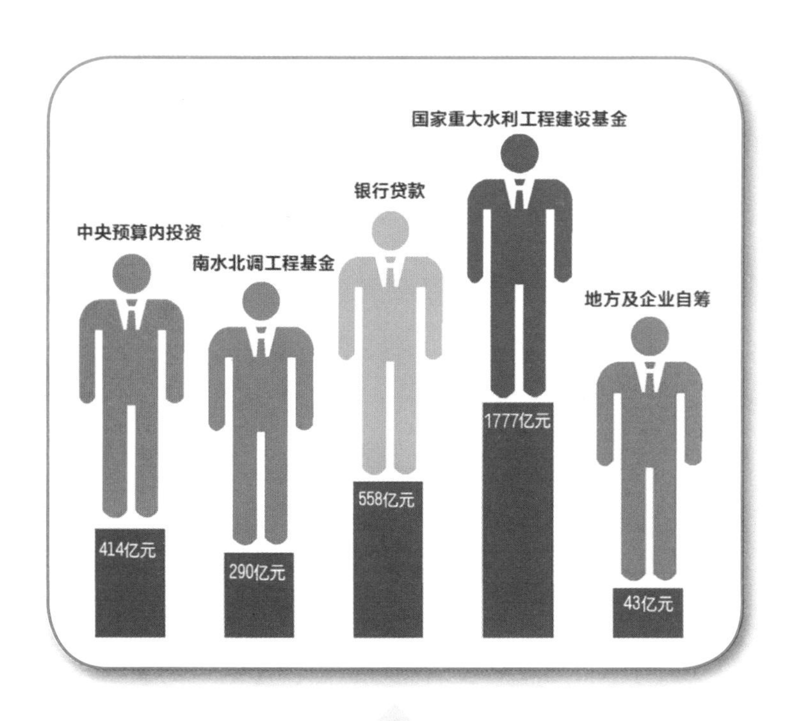

54. 如何加强工程资金监管?

为确保资金安全有效使用，南水北调系统建立了“事前、事中、事后”全过程监管资金运行的机制。

- 建立并实施了规范的资金拨付和支付制度。
- 建立并实施了严格的资金监管制度。
- 组织开展内部审计。
- 接受国家审计、稽察等机关监督。

南水北调工程规范、顺畅的资金运行秩序，为工程如期建成通水提供了坚实的基础和保障。

55. 如何进行工程质量监管？

以飞检为主要手段，探索实施了“查、认、罚”三位一体监管新机制，建立住房城乡建设部、国资委等部门参与的质量监管联席会议制度，采取多种手段，做到质量监管责任全覆盖，问题零容忍，确保工程质量安全可靠。

- 加强部署，及时进行宏观指导。
- 完善制度，明细质量管理责任。
- 增强力量，加大质量监管力度。
- 专业认证，认定质量问题性质。
- 严究责任，从重处罚责任单位。
- 专项整治，集中查改质量问题。
- 重点监管，强化质量过程管理。
- 有奖举报，主动接受社会监督。
- 通水检查，消除影响通水问题。
- 联合行动，全力消除质量隐患。
- 加强协作，建立质量监管联动机制。

56. 南水北调工程征地移民规模如何?

南水北调东、中线一期工程永久征地 96 万亩（其中东线 13 万亩，中线 30 万亩，丹江口库区淹没和移民安置用地 53 万亩），临时用地 45 万亩（其中东线 7 万亩，中线 38 万亩），涉及北京、天津、河北、江苏、山东、河南、湖北、安徽 8 省（直辖市），移民及搬迁群众 43.5 万人（丹江口库区移民 34.5 万人，东、中线搬迁 9 万人）。

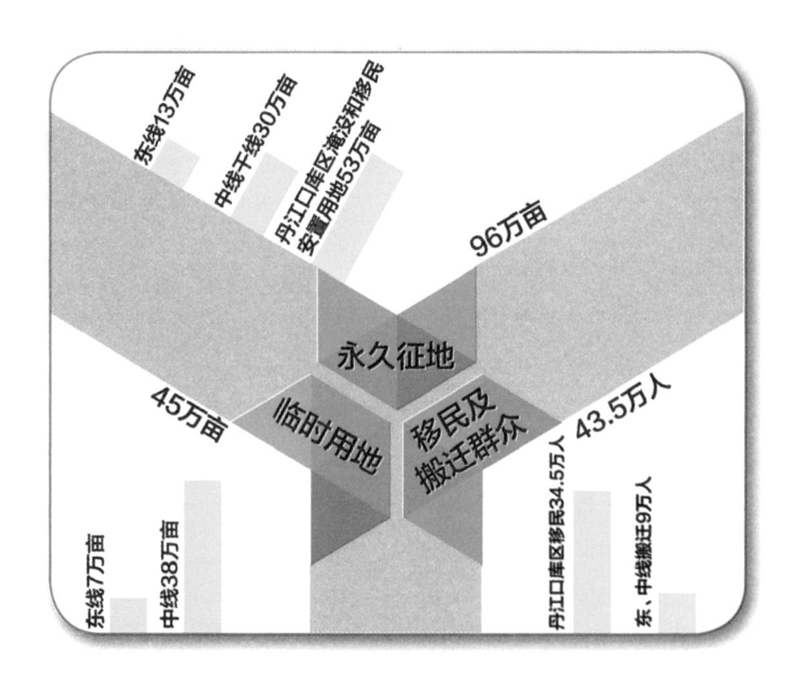

57. 如何开展征地移民工作？

南水北调工程建设征地补偿和移民安置工作，实行“建委会领导、省级政府负责、县为基础、项目法人参与”的管理体制。国务院南水北调工程建设委员会出台《南水北调工程建设征地补偿和移民安置暂行办法》等政策。

国家批准的耕地补偿费和安置补助费之和，为该耕地被征收前三年平均年产值的16倍。征收其他土地的土地补偿费和安置补助费标准，及被征收土地上的零星果树、青苗等补偿标准，按照所在省（直辖市）规定的标准执行。被征收土地上的附着建筑物按照其原规模、原标准或者恢复原功能的原则补偿。

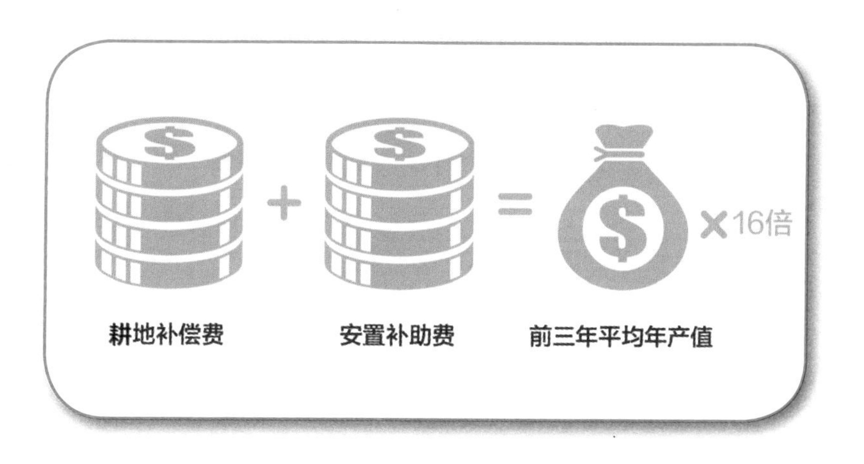

沿线搬迁群众的住房建设，采用集中与分散相结合方式，就地、就近后靠为主，按照自建、统建方式建设；库区移民安置采用县内安置、出县外迁安置及投亲靠友等方式，通过集中、分散方式建设居民点；部分城市居民通过地方政府建设住宅小区集中安置，或采用货币化补偿通过自购房屋解决。

农村移民生产生活安置采用有土安置为主的方式，确保农村移民每人一份口粮田，沿线部分城市则按照城市拆迁条例及社会保障相关规定，采用社会保障安置方式进行。

58. 丹江口库区移民如何进行后期帮扶?

南水北调工程丹江口库区移民后期帮扶对农村移民每人每年补助 600 元，从搬迁之日起扶持 20 年。

为促进库区和移民安置区经济社会发展，国家发展改革委、水利部等 14 部门进一步建立健全部门协调机制，在安排后期扶持结余资金年度投资计划时向库区和移民安置区倾斜，安排库区和移民安置区经济社会发展项目，重点帮扶移民发展。

59. 东、中线一期工程干线征迁工作如何推进?

沿线各省市加快征地补偿款兑付、地面附着物迁建、搬迁群众生活安置及生产用地调整，巩固干线征迁成果，减少因征迁工作不到位、兑付不彻底引起的阻工事件发生。同时，完成弃土场、弃渣场、桥梁引道引桥用地、路桥绕行道路的用地等临时用地保障，确保工程方案确定后，一个月内交付临时用地。对干线征迁遗留问题进行排查梳理，加强沟通、协调，专人跟踪办理，维护良好的建设环境，保障了工程建设。

60. 东、中线一期工程文物保护情况如何?

南水北调东、中线一期工程共涉及文物 710 处。其中，中线 609 处，包括地下文物 572 处（古人类与古生物 74 处，古文化遗址 256 处，古墓群 242 处），地面文物 37 处；东线 101 处，包括地下文物 92 处（含古脊椎动物与古人类文物 6 处），地面文物 9 处。南水北调工程文物保护投资共计 11 亿元。

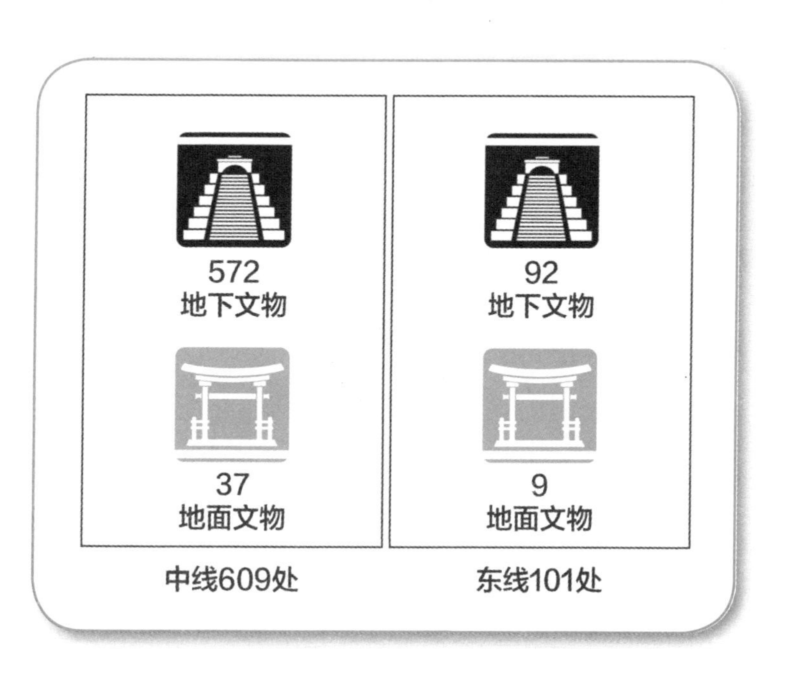

61. 如何处理好工程建设与文物保护之间的关系?

南水北调工程文物保护工作贯彻“保护为主、抢救第一、合理利用、加强管理”的方针，遵循“重点保护、重点发掘，既对基本建设有利又对文物保护有利”的原则，保护国家重要的文化遗产，采取各种措施为文物保护工作提供保障。

62. 遇真宫顶升工程是怎么回事？

遇真宫是世界文化遗产武当山古建筑群主体建筑“九宫八观”之一，位于湖北省武当山特区遇真宫村，现存宫门、八字照壁、龙虎殿、东西配殿等建筑。丹江口水库大坝加高后，遇真宫处在水库淹没线以下，需进行抢救性保护。

国家高度重视文化遗产保护工作，有关部门组织专家提出了异地搬迁、围堰和原址垫高三种保护方案。考虑到搬迁方案会改变古建筑群整体布局，围堰方案难以解决山凹地排水、渗漏和防汛等问题，最终确定采用原址垫高保护方案。

该工程投资约 1.9 亿元，包括山门、宫门顶升，文物修缮，地下基础垫高，考古发掘等工作，其中顶升工程 1848 万元。这是南水北调工程中保护级别最高、投资额度最大的文物保护项目。

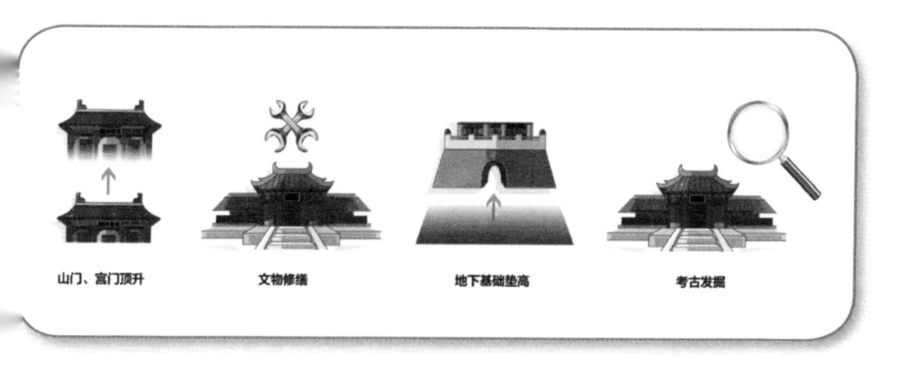

63. 南水北调工程建设者是否受到了表彰?

为表彰在南水北调东、中线一期工程建成通水工作中作出突出贡献的先进集体和先进个人，经中央批准，人力资源社会保障部和国务院南水北调工程建设委员会办公室联合对 80 个先进集体、60 名先进工作者、20 名劳动模范进行了表彰，并颁发奖牌、证书。

沿线各省（直辖市）政府及有关部门也在不同层次上对先进集体和先进个人予以表彰。

64. 作为战略性基础设施，南水北调工程积累了哪些宝贵经验?

南水北调工程开工建设以来，积累了大量宝贵经验，主要概括为六个方面:

- 坚持以习近平新时代中国特色社会主义思想为行动指南。
- 坚持以改革创新的精神研究和解决问题。
- 坚持在工程建设中维护人民利益、促进社会和谐。
- 坚持按客观规律科学建设和规范管理。
- 坚持加强统筹协调和营造团结共建氛围。
- 坚持党的领导和充分发挥思想政治工作优势。

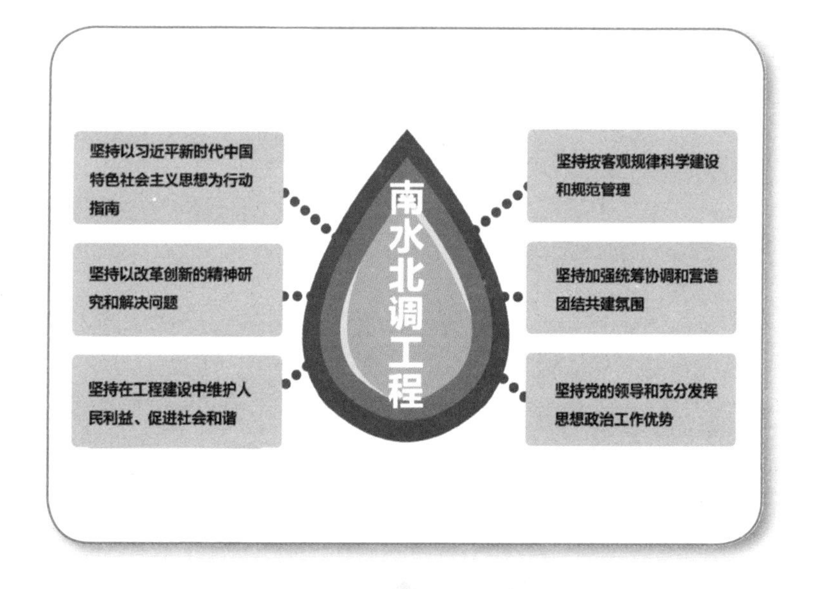

第三部分

南水北调水怎么用?

NANSHUIBEIDIAO SHUI ZENMEYONG

65. 南来之水会造成百姓水土不服吗？

南水北调的水与受水区当地水混合使用，且通过大量模拟试验，设计了多种配水方案。受水区的自来水厂采用先进的水处理技术，确保出厂水质达到国家饮用水卫生标准。因此，不会出现水土不服的情况。

66. 东、中线一期工程水价如何制定？

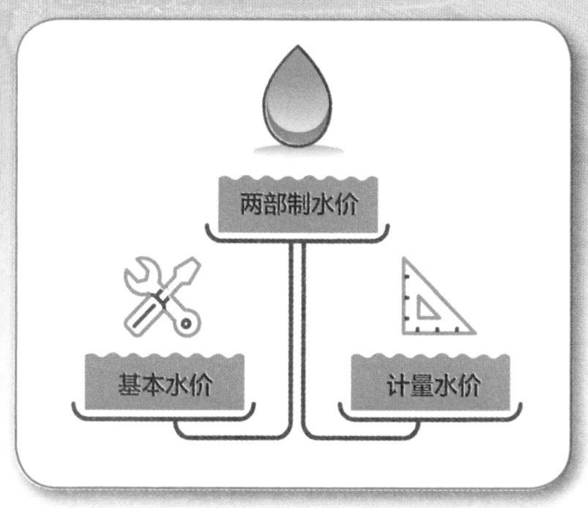

南水北调工程供水价格，是东、中线一期工程主干渠向受水区输送水的分水口门的价格。

为保障工程可持续运行，合理分担工程供用水风险，东、中线一期工程供水均实行基本水价与计量水价相结合的两部制水价，其中，基本水价按照合理偿还贷款本息、适当补偿工程基本运行维护费用的原则制定，计量水价按补偿基本水价以外的其他成本费用以及计入规定税金的原则制定。基本水费按基本水价乘以规划分配的分水口门净水量计算，计量水费按计量水价乘以实际口门用水量计算。

东线一期主体工程运行初期供水价格，按照保障工程正常运行和满足还贷需要的原则确定，不计利润，并按规定计征营业税及其附加；中线一期工程运行初期实行成本水价，并按规定计征营业税及其附加，其中河南、河北两省暂时实行运行还贷水价，以后分步到位。

67. 东、中线一期工程运行初期水价水平?

根据国家发展改革委《关于南水北调东线一期主体工程运行初期供水价格政策的通知》（发改价格〔2014〕30 号），东线工程各口门采取分区定价方式。主体工程划分为 7 个区段，同一区段内各口门执行同一价格。

东线一期主体工程运行初期各口门供水价格

东线一期工程区段划分	区段内各口门供水价格 /（元 /m³）		
	综合水价	基本水价	计量水价
南四湖以南	0.36	0.16	0.20
南四湖下级湖	0.63	0.28	0.35
南四湖上级湖（含上级湖）至长沟泵站前	0.73	0.33	0.40
长沟泵站后至东平湖（含东平湖）	0.89	0.40	0.49
东平湖至临清邱屯闸	1.34	0.69	0.65
临清邱屯闸至大屯水库	2.24	1.09	1.15
东平湖以东	1.65	0.82	0.83

根据国家发展改革委《关于南水北调中线一期主体工程运行初期供水价格政策的通知》（发改价格〔2014〕2959号），中线一期工程分设水源和干线工程水价，分区段制定各口门价格，其中干线工程共划分为6个区段，同一区段内各口门执行同一价格。

中线一期主体工程运行初期各口门供水价格

中线一期工程区段划分		区段内各口门供水价格/（元/m^3）		
		综合水价	基本水价	计量水价
水源工程		0.13	0.08	0.05
干线工程	河南省南阳段	0.18	0.09	0.09
干线工程	河南省黄河南段	0.34	0.16	0.18
干线工程	河南省黄河北段	0.58	0.28	0.30
干线工程	河北省（于家店—三岔沟）	0.97	0.47	0.50
干线工程	天津市	2.16	1.04	1.12
干线工程	北京市（房山城关—团城湖）	2.33	1.12	1.21

68. 南水北调工程的主要供水对象有哪些?

南水北调工程近期主要供水对象确定为城市，原因有三点:

- 城市人口相对集中，耗水量和缺水量大。
- 城市经济、社会发展较快，受水资源制约严重。
- 城市中企业、居民具有一定的水价支付能力，有利于贷款的偿还。

通水后，在保证城市发展需水量的同时，可逐步置换挤占农业及生态用水，限制超采地下水，利用丰水年增加北调水量，恢复和改善地下水环境，增加农业、生态用水量。

69. 东线工程如何加强航运污染综合治理?

加强航运水污染综合治理,是保障东线水质安全的重要措施,也是内河水运现代化建设的内在要求。

● 制定法规,加强宣传,提高运河航运环保意识。

● 积极推进船型标准化工程,全面淘汰落后船舶。

● 高标准建设船舶垃圾收集站和油废水回收站。

● 规划整合港口资源,加快建设大型化、环保型港口和水上设施。

● 加强航运监管,防止航运污染。

70. 中线输水干线的水质保障措施是什么？

中线水质保护的最有效措施是与当地河流立体交叉。此外，中线两侧分别划定一级水源保护区和二级水源保护区。沿线各级政府制定相关管理规定，在划定的水源保护区范围内有效控制新上建设项目，对不符合法律和政策规定、存在水质安全隐患的项目坚决否决或调整。

为保障水质安全，国家制定了《南水北调中线一期工程干线生态带建设规划》，提出水质安全防范和生态建设任务。在一级水源保护区内，建设防护林，实施农业结构调整，控制农业生产和农村生活污染物排放，开展沿线城市园林绿化，构建首级生态屏障。在二级水源保护区内，整合国家和地方已有规划，引导开展农村面源污染整治，发展绿色高效农业等措施，形成次级生态屏障。

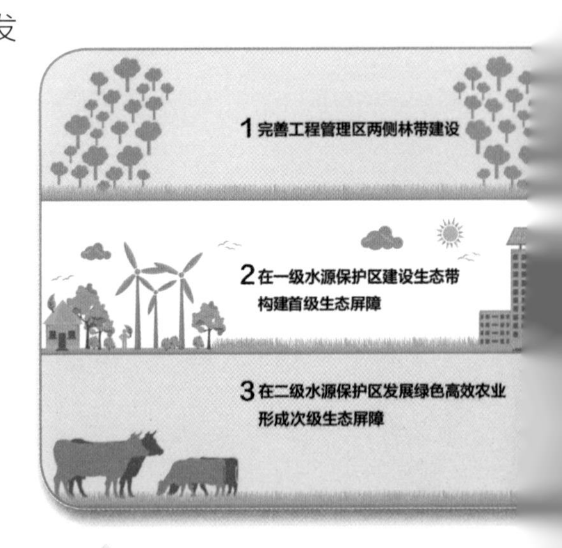

71. 东、中线一期工程水质状况如何?

按照规划水质目标，东线一期工程输水沿线水质要达到地表水Ⅲ类标准，中线一期工程水源地取水口和输水总干渠水质要达到地表水Ⅱ类标准。

南水北调工程实行“先节水后调水，先治污后通水，先环保后用水”原则，已实施了东线工程治污规划、丹江口库区及上游水污染防治和水土保持规划、丹江口库区及上游地区经济社会发展规划等。东线江苏、山东两省，中线水源区河南、湖北两省均签订了治污“军令状”，主动加压、严格考核、“壮士断腕”淘汰落后产能，坚决关停一大批污染严重企业，严格环境准入。

东线输水干线水质全部达到规划要求。中线水源区丹江口水库一直保持在Ⅱ类水质。

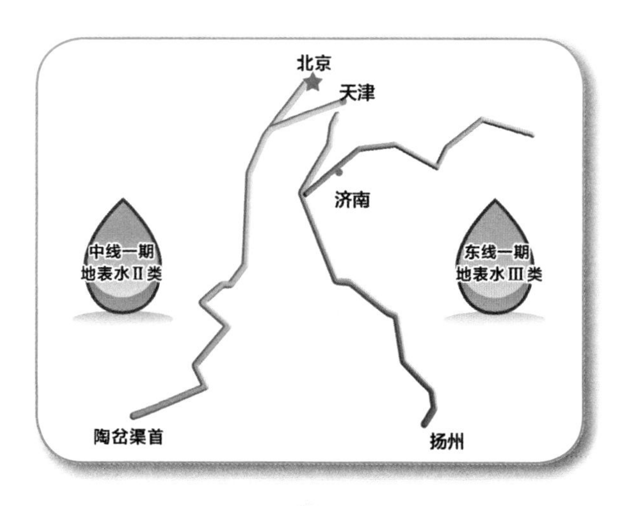

72. 血吸虫病会不会随水北上?

科学研究和实践表明，由于气温原因，血吸虫（其宿主钉螺）生存地域分布止于北纬 33° 15′。

为进一步认识东线工程输水过程中是否增加血吸虫病北移的风险，从 2004 年开始，卫生血防、水利、环境等有关科研单位对东线防控血吸虫课题开展了为期十多年的研究。研究结果进一步表明，南水北调东线工程建设不会造成血吸虫病北移和扩散。

73. 万一来水被污染应如何应对?

当来水发生突发性污染事故时，启动应急调度预案，根据来水污染程度，采取关闭阀门、退水等措施，停止南水北调供水，将污染的水处理后排入河道，禁止进入城市自来水系统。

74. 冬天“南水”会被冻住吗?

北方冰冻情况在设计施工中早有考虑，工程不但有相应的防冻设备，而且还有除冰措施。

中线工程进入冰期输水运行前，工程全线逐步抬高水位，通过增大过水断面减小流速，便于形成冰盖，以进行冰盖下稳定输水。倒虹吸、涵洞、渡槽等建筑的进口增设安装了拦冰索，防止流冰期间冰屑进入建筑内造成冰害。节制闸闸门处设置了防冰冻设施，安装了闸门门槽加热设备，防止冰期运行时闸门冻结，同时配备一定数量的破冰、排冰机械设备，确保工程安全运行。这些措施可确保沿途水流的通畅。

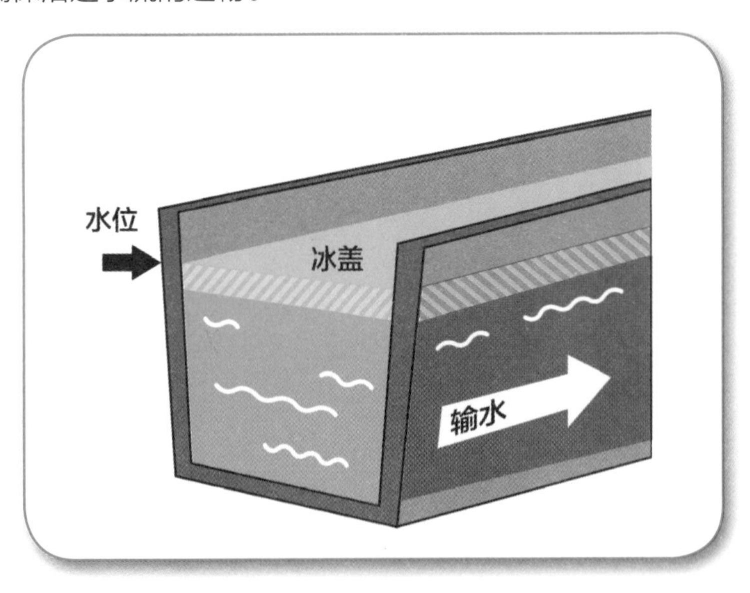

5. 如何在调水过程中提高输水效率？

东线工程是在原有京杭大运河河道基础上扩挖延伸建设而成的，基本与沿线土壤、水系连接，地下水水位偏高。对东线工程而言，统一调度是提高输水效率的有效手段。

中线工程是开挖新的渠道而建的，与沿线河道均为立体交叉，不存在与沿线河道相互交汇的情况。

相对于调水总量和流量，南水北调工程沿途因蒸发而损失的水量非常少。为进一步提高调水的输水效率，中线工程及东线部分渠道采取混凝土衬砌、下设土工膜的方式，防止输水渗漏，效果明显。

76. 如何确保南来之水得到高效使用?

受水区应逐步有力关停自备井，避免超采地下水，统筹配置南水北调供水和当地水源，实现经济、社会、生态的可持续发展。合理配置当地水和外调水，避免出现一方面外调水得不到充分利用，另一方面继续超采地下水、破坏生态环境的局面。

《南水北调工程供用水管理条例》规定，供水实行由基本水价和计量水价构成的两部制水价，无论是否用水都要交纳基本水费。要求受水区省级人民政府统筹安排南水北调供水和当地地表水、地下水等水源，利用价格杠杆促进水资源合理配置，有效保护生态环境。

《条例》要求，受水区县级以上地方人民政府要合理配置各种水资源，逐步替代超采的地下水，实施地下水开采总量控制和地下水压采，控制地下水开发利用，严禁新增开采深层承压水，在有条件的地区推进水源转换，退还被挤占的农业和生态用水，改善水生态环境。

77. 中线渠道是否存在泥沙淤积的问题?

中线工程从丹江口水库取水。丹江口水库水质优良，经水库蓄水沉淀，进入总干渠的水清澈见底，不存在丹江口水库泥沙入渠的问题。输水干渠沿线全封闭立交设计，沿线河道泥沙也不能进入总干渠。

在运行期，可能进入总干渠的泥沙主要来源于输水过程中风沙和大气降水，这点泥沙量微乎其微。沿线检修维护时，可以对这些沉降的底泥及时清除。因此，不存在泥沙淤积渠道的问题。

78. 南水北调工程是一年四季都调水吗?

东线工程输水河道在汛期将承担泄洪功能，所以输水期在 11 月至次年 5 月。

中线工程一年四季均可调水。中线工程实施后，丹江口水库统筹水源地、受水区和调水下游区用水。遇丹江口水库特枯水年份，在满足汉江中下游最低用水需求的前提下，适当减少中线工程调水量。

79. 中线工程在枯水年如何调水?

中线一期工程年均调水规模 95 亿 m^3，这是一个设计调水规模。每年的实际调水量需要根据受水区的需水量和水源区的来水情况具体研究确定。

在水源区遭遇枯水年份情况下，中线工程实行“枯水年少调”的原则。

对受水区而言，应实施当地水与南水北调供水的联合调度，提高受水区的供水保证程度。

此外，华北平原广泛分布有良好的地下含水层，是容积很大的地下水库。中线工程通水后，一般年份可以控制开采地下水，使超采的地下水得以休养生息，遇枯水年时可暂时增加地下水开采量，以渡过难关。

80. 如何保障南水北调工程设施安全?

工程通水运行以后，将加强安全监测和检查，做好突发事件应急预案。主要措施有四种：

● 在沿线安装多种安全监测仪器，并组织专业部门长期进行数据采集分析。

● 工程管理部门每日进行沿线巡查，及时发现隐患，保护工程设施免受人为破坏。

● 定期进行检修、排查，确保工程质量安全。

● 组织科研设计部门研究分析可能遇到的风险因素和破坏方式，并制定应急抢险预案，配备抢险物资和设备，不定期组织抢险演练。

安全巡查

阻止人为破坏

抢险演练

《南水北调工程供用水管理条例》对工程设施管理和保护提出明确要求，对相关活动和行为边界进行规范。

● 实行严格的工程保护制度，明确工程管理与保护范围的划定权限、划定标准，并对相关的禁止行为和法律责任作出具体规定。

● 实行安全生产责任制度，要求水源地和沿线县级以上地方人民政府做好工程设施安全保护工作，工程管理单位加强设施监测、检查、巡查和维修养护。

● 实行工程设施建设方案征求意见制度，规定在工程管理和保护范围内建设桥梁、公路等工程设施，在报请审批、核准时，应征求南水北调管理单位的意见。

81. 南水北调工程保护范围内可以从事生产活动吗?

南水北调工程保护范围内（包括工程正上部位置和工程外侧红线范围）的土地产权性质不变，仍允许原有业主从事不危害工程安全的生产活动。

82. 保护范围内禁止哪些危害工程安全的行为?

保护范围内禁止下列危害工程安全的行为:

- 种植根系可能深达管涵埋设部位的植物。
- 爆破、打井、打桩、钻探、采石、采矿、取土、挖砂。

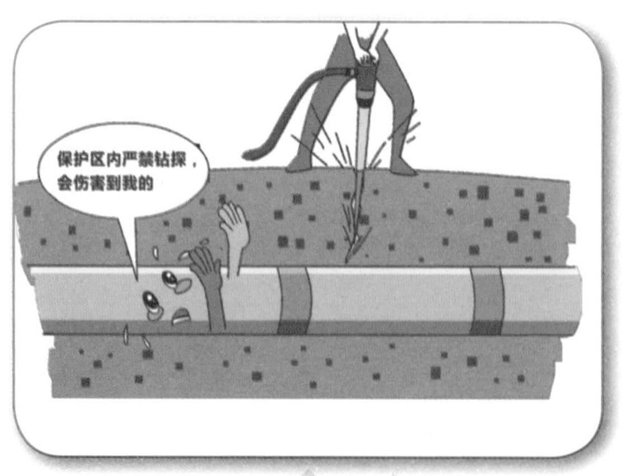

● 倾倒垃圾、废渣等固体废物，排放污水、废液等有毒有害化学物质。

● 擅自建设建筑物、构筑物，堆放超过管涵承受荷载设计标准的重物。

- 行驶重型车辆。
- 其他可能危害工程安全的行为。

83. 南水北调工程通水对华北地区控制超采地下水有何作用?

首先，南水北调工程通水以后，可以置换一部分水，改善生态和地下水的超采状况。

其次，南水北调工程供水对象主要是城市生活和工业，相对农业灌溉用水来说，城市生活与工业生产用水对水量的消耗较低。城市工业的废污水数量约占用水量的 70%。按东、中线最终调水的规模计算，将来废污水的排放量估计可达到 120 亿 m^3。这一可观的废污水量必将回收处理，可作为再生水加以利用，用于回补地下水，恢复地下水位，增强地下水循环的可再生性。

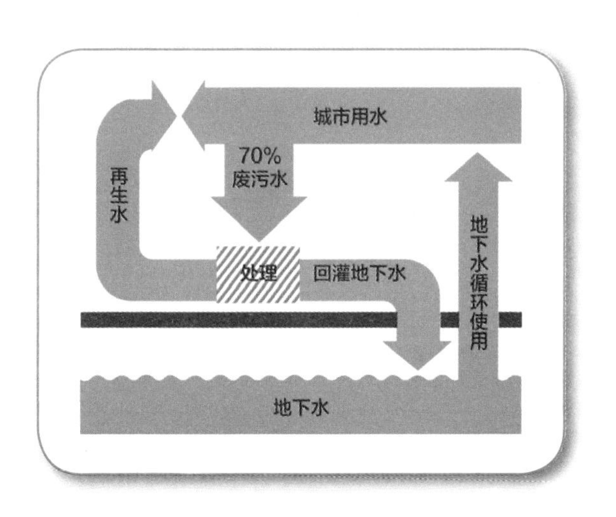

84. 东、中线一期工程沿线对地下水压采有何打算?

《国务院关于南水北调东中线一期工程受水区地下水压采总体方案的批复》指出，要认真贯彻落实最严格管理制度的要求，坚持保护优先、全面节约、合理开发、高效利用，通过采取综合措施，充分利用南水北调水，合理调配受水区各种水源，逐步替代超采的地下水，严格地下水开发利用管理， 实现地下水资源可持续利用，促进受水区经济社会持续健康发展。

85. 南水北调工程沿线地区地下水控采如何组织管理?

南水北调工程沿线地区应该重视地下水资源保护，积极采取措施，强化地下水管理，控制地下水超采。

- 加强地下水管理政策法规建设。
- 积极推进地下水超采区治理。
- 严格地下水管理。
- 运用经济杠杆促进水资源优化配置。
- 开展受水区地下水压采考核工作。

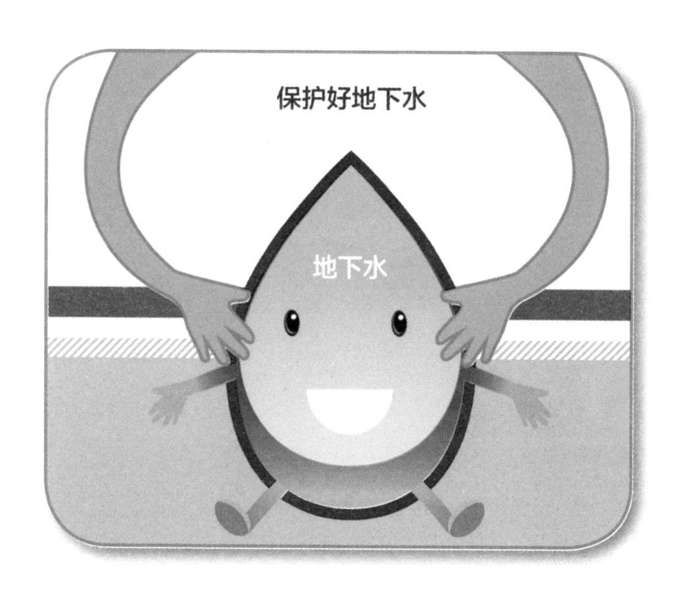

86. 南水北调通水后如何继续贯彻“三先三后”？

在节约用水方面，沿线将实行年度用水总量控制，加强用水定额管理，推广节水技术、设备和设施，通过建立组织、投资、财政税收政策、节水标准体系和宣传教育等保障措施，提高用水效率和效益。

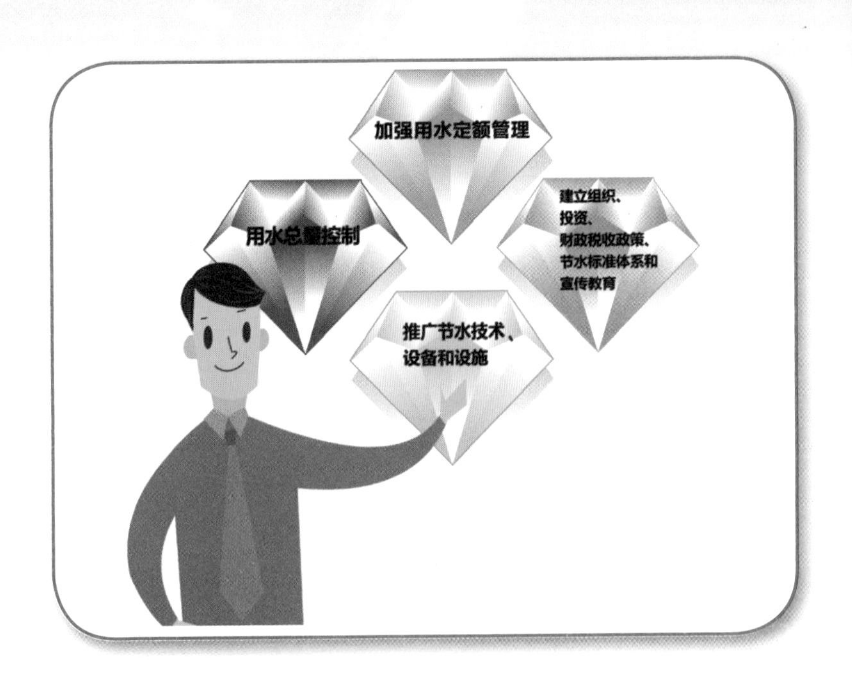

在治污方面，水源区和沿线开展治污工作，加快工矿企业、城市生活造成的污染和农业面源污染治理，推进东线运河航运污染防控和环南四湖人工湿地生态隔离带建设，做好丹江口库区及上游水污染防治和水土保持“十三五”规划工作。完善对国家重点生态功能区转移支付制度，实行汉江中下游水环境生态补偿，推动中线对口协作工作，建立东、中线水质保护长效机制。

在生态环保方面，加强用水管理，严格落实地下水压采计划，统筹配置南水北调水和当地水资源，以调入水源逐步置换出长期被严重超采的地下水，退还被挤占的农业和生态用水，促进生态文明建设。

87. 南水北调东、中线一期工程发挥效益情况如何?

东、中线一期工程分别于 2013 年、2014 年建成通水，运行安全平稳，水质稳定达标，取得了实实在在的效益。

仅东、中线一期工程直接供水的县级以上城市有 253 个，直接受益人口达 1.1 亿。

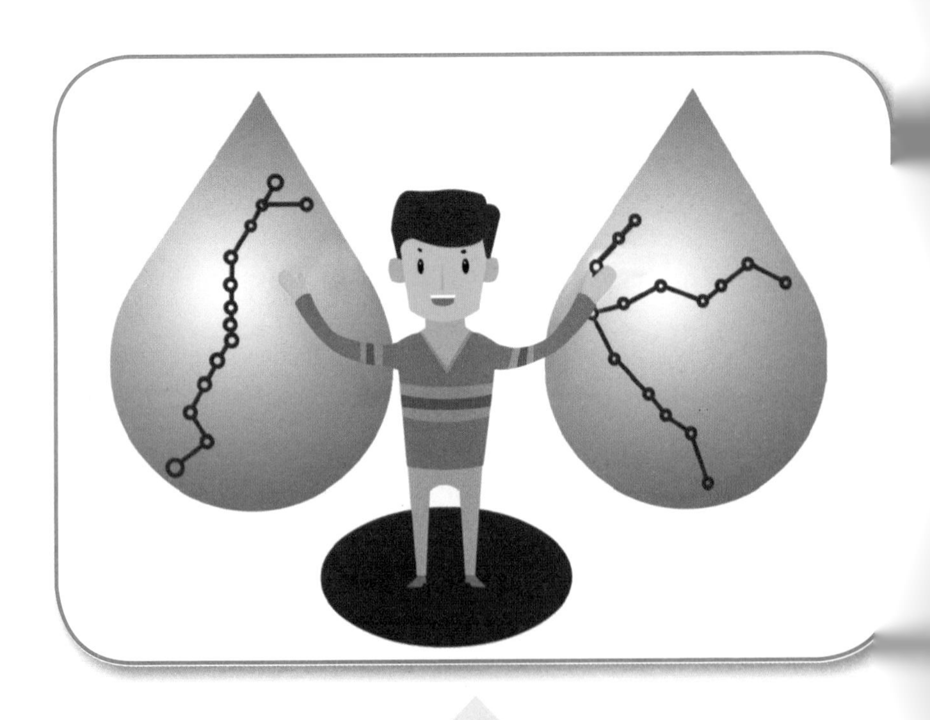

88. 南水北调工程预期有哪些整体效益?

社会效益：工程通水以后，为受水区开辟新的水源，改变供水格局，提高供水保证率，为受水区可持续发展提供水资源保障。受水区面积 145 万 km^2，共 15 个省（自治区、直辖市）直接受益，受益人口达 5 亿。

经济效益：中国北方增加水资源的供给，有效弥补水资源的缺口，提高受水区水资源的承载能力，为工农业发展创造条件。同时，促进受水区产业结构调整的优化升级，保障国家战略的实施。

生态效益：有效地缓解了受水区地下水超采局面，增加生态供水，使生态恶化趋势得到缓解。环保治污力度加大，促进水源区和工程沿线环境改善，提升水环境承载能力，有利于生态环境的修复。

89. 南水北调工程惠及哪些省、直辖市、自治区?

南水北调工程是国家重要战略工程、民生工程。南水北调工程直接惠及 15 个省（自治区、直辖市）。

东线工程惠及范围：江苏、安徽、山东、河北、天津

中线工程惠及范围：湖北、河南、河北、北京、天津

西线工程惠及范围：四川、青海、甘肃、宁夏、内蒙古、陕西、山西

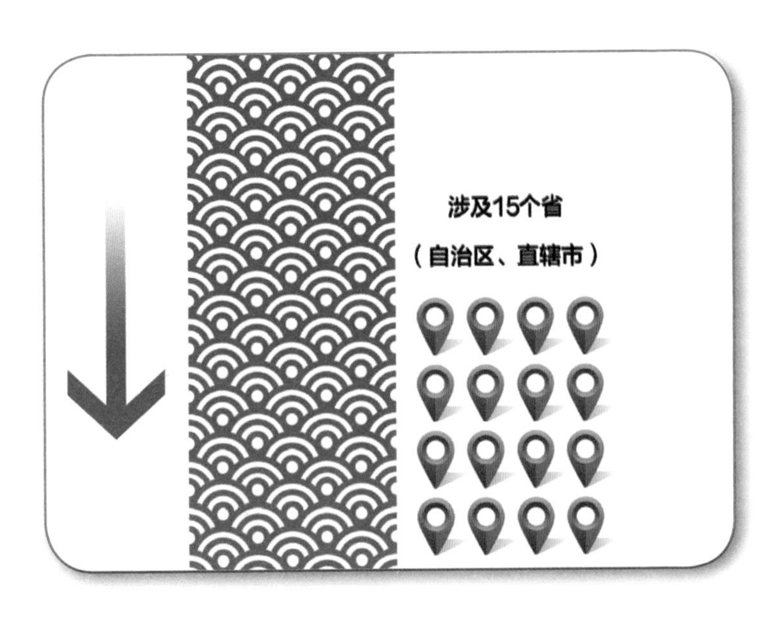

90. 南水北调供水为什么没有达到设计规模?

按照调水工程一般规律，工程有个合理达效期。南水北调是系统工程，不仅有干渠的主体工程，还有沿线分水口门以下的输水管网、水厂等配套工程。因此，工程利用效率是个逐步提高的过程。

南水北调工程是战略性基础设施，不能局限于满足目前供水需求，必须考虑到若干年后的可能需求。工程调水规模也留出了适度的发展空间。

此外，每年的调水规模是动态变化的，按照《南水北调工程供用水管理条例》规定，国家水行政主管部门综合平衡年度可调水量和受水区年度用水计划，制订年度水量调度计划。

东、中线一期工程已完成多个调水年度的供水任务，且年度供水量逐年大幅增长，工程效益持续发挥，作用更加明显。

91. 如何看待南水北调工程的利弊？

首先，要解决北方缺水问题，实施南水北调，势在必行；其次，通过采取积极措施，使下游因调水产生的一些问题基本得到解决，负面影响最大程度减小，并且可以承受；第三，仅中线一期工程，就有3亿人左右因调水受益，而对丹江口水库下游的影响是局部的。

南水北调工程的利弊，类似义务献血。对献血者而言稍有影响但无大碍，对受血者来说是爱的恩赐和生命的延续。总之，南水北调工程，“利”远远大于“弊”，是惠民工程，是战略工程。

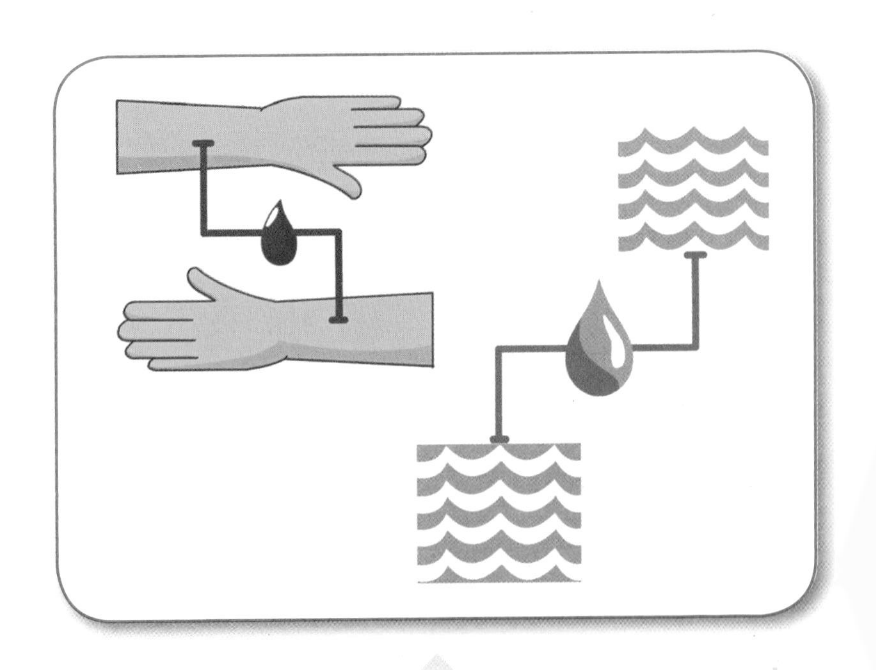

92. 南水北调工程有哪些科技创新及成果?

在南水北调工程科技工作中，取得了大量的新产品、新材料、新工艺、新装置、计算机软件等科技成果；完成了专用技术标准13项，申请并获得国内专利数十项，部分科研成果已应用到工程设计与施工中，对工程质量和进度起到了保障作用；多项科技研究成果获得了国家与省部级科技奖。

93. 南水北调工程如何保障渠道附近群众生命安全?

为保障渠道附近群众安全，工程管理单位主要采取以下措施:

- 安装防护栏。
- 安装警示标识牌。
- 建设视频安防监控系统。
- 加强安全宣传。

94. 南水北调东线一期工程在缓解胶东地区旱情方面做出了哪些贡献?

南水北调东线一期工程正式供水以来，前 4 个年度通过南水北调工程向山东省胶东地区累计供水 9.2 亿 m^3，2017—2018 年度调水开始以来，截至 2017 年 12 月 8 日，又向胶东地区供水 1.36 亿 m^3，已累计向胶东地区供水达到 10.56 亿 m^3，有效保障了胶东青岛市、烟台市、威海市、潍坊市四市的供水安全，南水北调工程已成为保障胶东地区供水的重要支撑。

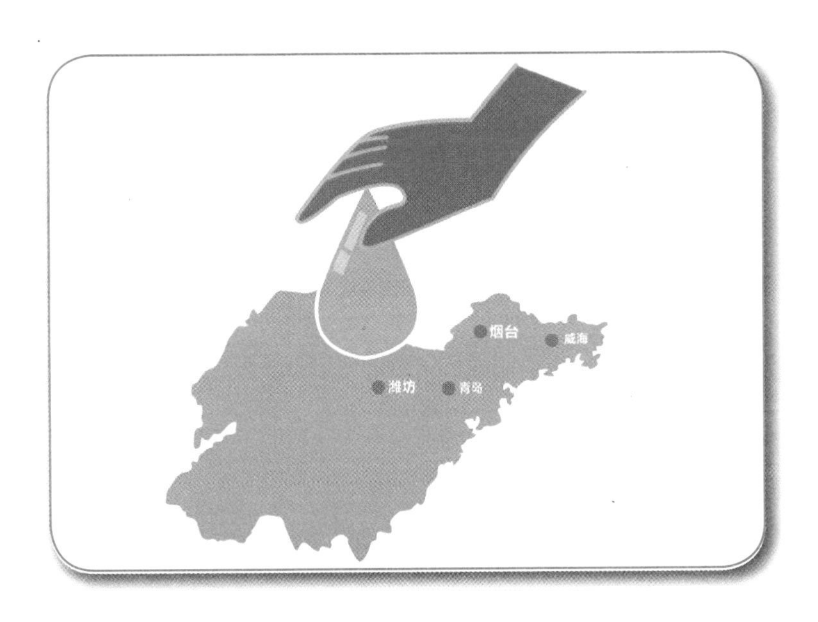

95. 南水北调工程已经向哪些城市供水？受益人口有多少？

自南水北调东、中线一期工程通水至 2017 年 12 月底，受水区域已涉及北京、天津、河北、河南、江苏、山东 6 个省（直辖市），具体受水区域包括：

北京市：东城、西城、海淀、朝阳、丰台、门头沟、石景山、大兴、昌平、通州 10 个市辖区。

天津市：中心城区、环城四区、滨海新区、宝坻、静海城区及武清城区。

河北省：石家庄、廊坊、保定、沧州、衡水、邢台、邯郸 7 个设区市。

河南省：南阳、漯河、平顶山、许昌、郑州、焦作、鹤壁、新乡、濮阳、安阳、周口 11 个省辖市。

江苏省：徐州、连云港、淮安、盐城、扬州、宿迁 6 市。

山东省：济南、青岛、淄博、枣庄、烟台、潍坊、济宁、威海、德州、聊城、滨州 11 市。

中线工程已惠及北京、天津、河北、河南四省市达 5300 万人。

其中，北京市受益人口 1100 万人；天津市受益人口 900 万人；河南省受益人口 1800 万人；河北省受益人口 1500 万人。东线一期工程有效缓解了山东省缺水局面，山东省受益人口超过 4000 万人。

截至 2017 年 12 月底，中线工程惠及北京、天津、河北、河南四省市达 5300 万人

北京市 1100 万人

天津市 900 万人

河南省 1800 万人

河北省 1500 万人

96. 中线京石段工程发挥效益情况如何?

中线京石段工程自 2008 年 9 月 18 日起，从河北省黄壁庄、安格庄、王快以及岗南 4 个水库调水，作为北京历史上首个外调水水源，到 2014 年 12 月共 4 次向北京调水，累计入京水量 16.1 亿 m^3，高峰时期，南水北调供水约占北京城区用水的 60%，极大缓解了首都高峰期的供水压力。

2014 年 12 月之后，京石段工程作为中线工程的重要组成部分，承担着把长江水输往北京、天津和河北部分地区的任务。

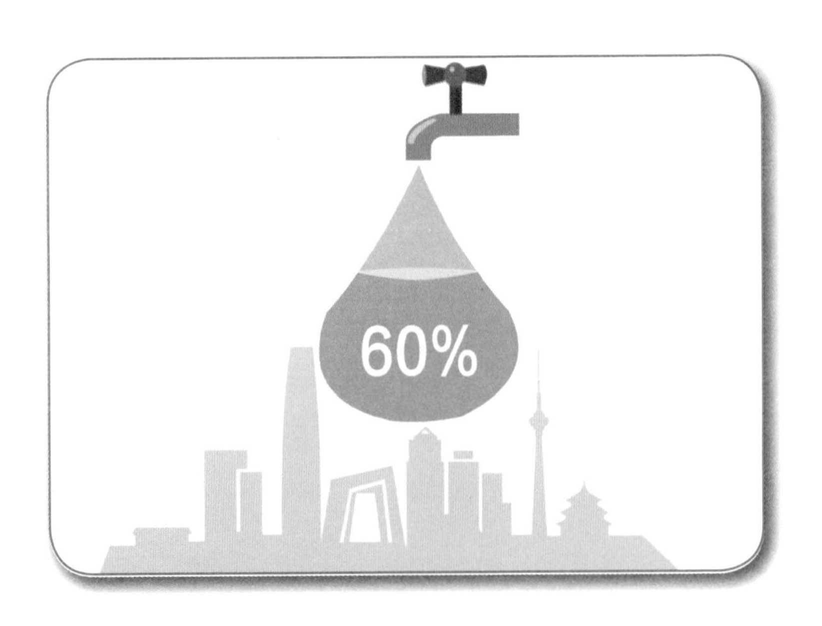

97. 南水北调工程向雄安新区有供水安排吗?

雄安新区包含河北省雄县、容城县、安新县 3 县及周边部分区域。

南水北调中线工程经过雄安新区所涉及的县区，而且已经向有关县供水。下一步，按照中央的决策部署，积极做好向雄安新区供水的各项工作，为其发展提供可靠的水资源保障。

98. 中线工程出现应急情况如何调度?

出现应急情况后，立即启动三级应急调度预案。

（1）应急断水阶段。针对事故段紧急关闭分水口，关闭上、下游节制闸，防止污染扩散；事故段上游，减小入总干渠流量，各节制闸联调，保持上游正常供水；事故段下游，暂时关闭邻近分水口、控制闸，水质检测合格后重启；各节制闸联调，利用渠道槽蓄水体按优先顺序供水。

（2）处置后排放水体阶段。逐步恢复入总干渠流量，自上而下将水流推进至事故段；采用上游来水顶推方式，将处置后水体通过事故段退水闸排出。

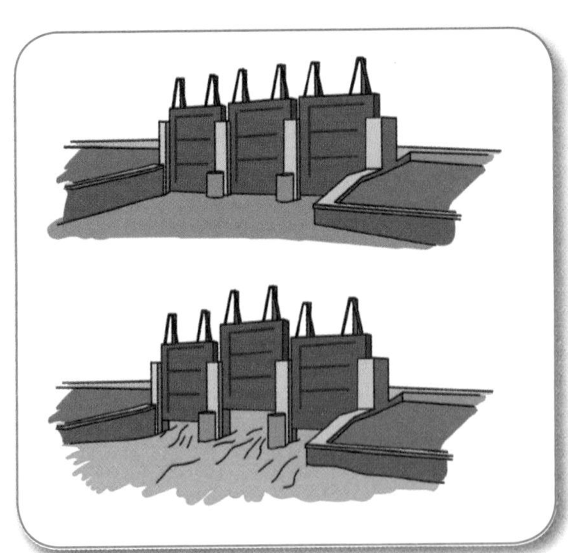

（3）恢复供水阶段。关闭事故段退水闸，开启并联调下游节制闸、分水口，逐步恢复供水。

99. 南水北调工程通水后，北方生态环境有何改变？地下水回升了吗？

工程全面通水以来，北京、天津等受水区 6 省市加快了南水北调水对当地地下水水源的置换，已压减地下水开采量逾 8 亿 m^3。北京市、河南省许昌市城区以及山东省平原地区等超采区的地下水位已经开始回升。南水北调工程的生态效益不断显现。

山东省通过东线工程向东平湖、南四湖上级湖分别生态调水 0.55 亿 m^3、1.45 亿 m^3，极大地改善了生产、生活和生态环境。山东省地下水开采得到有效遏制，局部地区地下水位上升，大部分地区地下水位下降速率减缓。

江苏省通过东线工程向骆马湖补水，运行期间骆马湖水位由 21.87m 上升至 23.10m，为保障地区生产生活、航运和生态环境发挥了重要作用。

北京市利用南水北调水每天向城市河湖补水 17 ~ 26m^3，城市河湖水质明显改善。多年来超采严重的密云、怀柔、顺义水源地，地下水水位下降趋势得到遏制。

天津市在通水后加快了滨海新区、环城四区地下水水源转换工作，地下水位累计回升 0.17m。利用南水北调水置换出的引滦水和本地水向河道实施补水，有效增加了农业和生态环境用水。随着应急补水变为常态化补水，水系循环范围扩大，促进了水生态环境的改善。

河北省利用南水北调工程先后多次向滹沱河、七里河生态补水，使该区域缺水状况得到有效缓解，河道重现生机。

河南省利用南水北调工程向郑州西流湖和鹤壁淇河进行生态补水。邓州等 14 座城市地下水水源得到涵养，地下水位得到不同程度的回升。

湖北省兴隆水利枢纽改善了区域生态环境，省内绝迹多年的中华秋沙鸭、黑鹳等国家一级保护动物先后出现在兴隆水域。

引江济汉工程正式通水后，除向汉江补水外，还分别向荆州城区与长湖补水，通过活水的不断注入，荆州护城河水质和城区环境得到了极大改善。

100. 南水北调东线治污成效如何？

通过10多年艰辛治污，自2012年11月起，东线黄河以南段各控制断面水质全部达到规划目标要求，输水干线达到Ⅲ类水标准，全线COD平均浓度下降85%以上，氨氮平均浓度下降92%。昔日鱼虾绝迹、“一湖酱油”的南四湖又重现了昔日生机和活力，绝迹多年的小银鱼、毛刀鱼、鳜鱼等再现湖中，白马河还发现了素有“水中熊猫”之称的桃花水母。

据环保部门监测，2016年东线治污规划确定的36个主要控制断面水质整体良好，输水干线及主要入干线支流水质总体达标。江苏省辖14个断面水质全部为Ⅲ类，达标率100%；山东省辖22个断面中除白马河捷庄断面水质为Ⅳ类（规划目标为Ⅳ类）外，其他21个断面水质为Ⅲ类，达标率100%。

截止2017年年底，东线工程已连续圆满完成四个年度的调水任务，第五年度调水已经启动，根据监测数据显示，输水干线水质稳定在Ⅲ类，满足调水目标要求。

101.《丹江口库区及上游水污染防治和水土保持规划》实施情况如何?

2006年国务院批复实施《丹江口库区及上游水污染防治和水土保持规划》，规划总投资70亿元，安排建设一批地市级、库周县级污水和垃圾处理厂、工业点源治理、水土保持、农业面源治理、监测能力建设等六大类130多个项目。“十一五”期间，符合条件的规划近期项目全部实施，共安排投资60.9亿元（中央投资39.2亿元），占近期项目总投资87%。

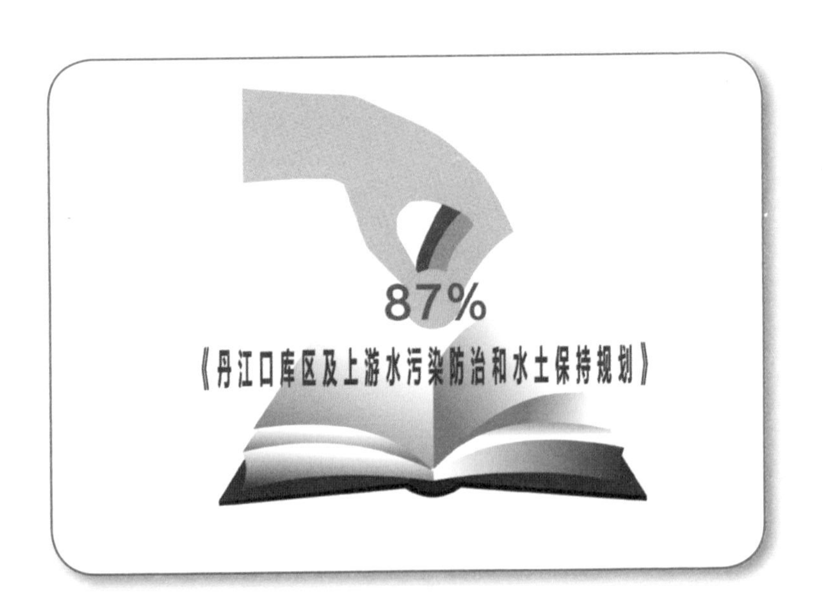

2012 年国务院批复实施《丹江口库区及上游水污染防治和水土保持“十二五”规划》，规划总投资增加到 120 亿元，除“十一五”规划六大类项目外，还增加了生态隔离带、入河排污口整治、无主尾矿库治理、重污染河道内源治理等四大类，共 445 个项目。

“十二五”期间，通过规划实施，水源保护取得了明显成效：污染源进一步得到控制，污染物减排能力大幅提升，污水和垃圾处理处置设施覆盖县级和水库周边重点乡镇。生态建设成效明显，治理水土流失面积 6295km^2，森林、灌木面积比 2010 年增加 1.9 万 hm^2，水源涵养能力有所增强。部分流经城区的重污染河流治理力度不断加大，黑臭水体明显减少，整个水源区水质考核断面达标率提高到 90% 以上。

102. 中央全面推行河长制和湖长制，对南水北调会产生什么样的积极作用和影响?

河长制、湖长制是解决南水北调复杂水问题的中国方案，是推进南水北调河湖水系治理的有效抓手，是落实南水北调绿色发展理念的必然选择。南水北调东、中线水源区及沿线各省，均已初步建立河长制度。

河长制、湖长制的全面推行，将对南水北调工程运行管理，特别是水质安全保障工作产生积极影响。“十三五”期间，东中线水源区及沿线将继续全面推行河长制和湖长制，实施丹江口库区及上游水污染防治和水土保持规划、重点流域水污染防治规划，巩固已有治污环保成效，确保南水北调工程供水水质安全。